Starr-flexibler Mehrlagenverbund für hochintegrierte aktive Gruppenstrahler

Vom Promotionsausschuss der
Technischen Universität Hamburg-Harburg
zur Erlangung des akademischen Grades
Doktor-Ingenieur

genehmigte Dissertation

von

Alexander Geise

aus Lüneburg

2011

Bibliografische Information der Deutschen Nationalbibliothek
Die Deutsche Nationalbibliothek verzeichnet diese Publikation in der Deutschen Nationalbibliografie; detaillierte bibliografische Daten sind im Internet über http://dnb.d-nb.de abrufbar.

1. Aufl. - Göttingen: Cuvillier, 2011

Zugl.: (TU) Hamburg-Harburg, Univ., Diss., 2011

978-3-86955-926-1

1. Gutachter: Prof. Dr.-Ing. Arne F. Jacob
2. Gutachter: Prof. Dr. rer. nat. habil. Frank Gronwald
3. Gutachter: Prof. Dr.-Ing. Ernst Brinkmeyer
4. Gutachter: Prof. Dr.-Ing. Hermann Rohling

Tag der mündlichen Prüfung: 07. Oktober 2011

Nonnenstieg 8, 37075 Göttingen
Telefon: 0551-54724-0
Telefax: 0551-54724-21
www.cuvillier.de

1. Auflage, 2011
Gedruckt auf säurefreiem Papier

978-3-86955-926-1

Danksagung

Diese Arbeit ist im Rahmen des Forschungsprojektes SANTANA entstanden, dessen zukunftsweisende Technologie mich gegen Ende meines Studiums bewogen hat, am Institut für Hochfrequenztechnik der Technischen Universität Hamburg-Harburg zu promovieren. Meinem Doktorvater Prof. Dr.-Ing. Arne F. Jacob möchte ich ganz besonders herzlich für seine Unterstützung meiner Promotion danken. Sein stets in einer sehr freundschaftlichen Art und Weise vermitteltes Vertrauen in meine Arbeit habe ich sehr genossen. Weiterhin möchte ich mich bei Herrn Prof. Dr. rer. nat. habil. Frank Gronwald für die freundliche Übernahme des Koreferats und bei Herrn Prof. Dr.-Ing. Hoc Khiem Trieu für die Ausübung des Prüfungsvorsitzes herzlich bedanken.

Mein Dank gilt auch allen Kollegen und Mitarbeitern des Instituts für Hochfrequenztechnik der Technischen Universität Hamburg-Harburg, die mich in meiner Zeit am Institut begleitet und immer für eine hilfsbereite Arbeitsatmosphäre gesorgt haben. Dazu zählen insbesondere meine ehemaligen Zimmerkollegen Dr.-Ing. Holger Pawlak und Dipl.-Ing. Jürgen Winkelmann.

Für die äußerst angenehme Zusammenarbeit im Forschungsprojekt bin ich meinen ehemaligen Kollegen Dr.-Ing. Holger Pawlak, Dipl.-Ing. Karsten Kuhlmann und Dipl.-Ing. Alexander Stark sehr verbunden. Die unzähligen technischen Diskussionen habe ich immer als sehr wertvoll empfunden und haben zur Lösung vieler Problemstellungen beigetragen. Weiterhin war mir die Bereitschaft von Frau Carmen Hajunga, jede technologische Schwierigkeit anzugehen und zu bewältigen eine unverzichtbare Hilfe während meiner gesamten Promotionszeit. Die erfolgreiche Durchführung in allen feinmechanischen Belangen verdanke ich zudem der einzigartigen, mitdenkenden Arbeitweise von Herrn Werner Thun.

Ich möchte meinen lieben Eltern Thomas und Christel Geise herzlich für alle Unterstützung und Ermutigung rund um das Studium der Elektrotechnik und der Promotion danken. Gleicher Dank geht an meinen Bruder Dr.-Ing. Robert Geise für unzählige Diskussionen und Anregungen. Zuletzt kann ich nicht genug meiner lieben Frau Iris und meinen Kindern Finja und Charlotta danken, die mir so oft den Rücken freigehalten haben.

Ebersberg, November 2011 Alexander Geise

Inhaltsverzeichnis

Einleitung **1**

1 Architekturaspekte **7**

1.1 Aktive Gruppenstrahler 7

1.1.1 Theorie des Arrayfaktors 7

1.1.2 Schaltungskonzepte 9

1.2 Systemspezifikationen 11

1.2.1 Anzahl an Einzelstrahlern 11

1.2.2 Integration aktiver Komponenten 15

1.3 Polarisationsmultiplex 18

1.3.1 Polarisation von Strahlungsfeldern 18

1.3.2 Achsenverhältnis eines Gruppenstrahlers 20

1.3.3 Antennenspeisung 22

1.4 Aufbauarchitekturen 24

1.4.1 Generische Kachel-Architektur 27

1.4.2 Stand der Technik 29

1.5 Fazit 32

2 Flexible Leitungsübergänge auf LCP **34**

2.1 Materialeigenschaften von LCP 35

2.2 Bisherige Anwendungen mit LCP - Stand der Technik 37

2.3 HF-Strukturen auf LCP 38
2.3.1 Streifenleitungen 38
2.3.2 Einfluss der Schutzfolie 41
2.3.3 Einfluss von Biegungen auf die S-Parameter 43
2.4 Fazit 49

3 Starr-flexibler Mehrlagenverbund **50**
3.1 Diskussion des Mehrlagenaufbaus 52
3.1.1 Einfluss von Via-Kontaktierungen auf den Mehrlagenaufbau 53
3.1.2 Beschreibung des Lagenaufbaus 55
3.2 Einzelstrahlerentwurf 59
3.3 Kühlung 67
3.4 Kapselung 71
3.5 Skalierter Aufbau für große Gruppenstrahler 72
3.6 Fazit 74

4 Charakterisierung des Antennenmoduls **75**
4.1 Simulation des Moduls 75
4.2 Messung des Moduls 81
4.3 Einfluss von Verkopplungen 88
4.4 Fazit der Modulcharakterisierung 98

Zusammenfassung und Ausblick **100**

A Ergänzungen **103**

Literaturverzeichnis **107**

Einleitung

Der Ausbau und die Errichtung flächendeckender Kommunikationsmöglichkeiten zum Austausch von Daten und Sprache wird nicht nur seitens der Industrie vorangetrieben, sondern ist auch aus dem Bedarf der zivilen Nutzer hervorgegangen. Seit der Einführung des World Wide Web (WWW) im Jahr 1993 sind die Datenübertragung und der Informationsaustausch zum unverzichtbaren Bestandteil der Arbeitswelt und Freizeit geworden. Bereits im Jahr 2008 verfügten 60 Prozent der Haushalte in Europa über einen Internetanschluss [1]. Davon nutzten laut europäischer Statistik knapp 22 Prozent Breitbandzugänge, Tendenz steigend [2]. Zeitgleich zum Internet etablierte sich auch das Mobilfunknetz mit dem europaweiten Standard GSM (engl. *Global System for Mobile Communications*). Welch enorme, globale Tragweite mobile Kommunikation erfährt zeigen die Statistiken. Im Durchschnitt besaß schon im Jahr 2006 jeder Europäer einen Mobilfunkvertrag [3]. Weltweit liegen 3,8 Milliarden Mobilfunkverbindungen vor, mit einem Zuwachs von ca. 1,7 Millionen Verbindungen pro Tag [4].

Trotz dieses enormen Zuwachses an Kommunikationsmöglichkeiten ist ein global verfügbarer Informationsaustausch nur über wenige Systeme möglich. Während die Netzversorgung auf dem Festland durch Basisstationen stetig ausgebaut wird, erfordern erdumspannende Netze Satellitenverbindungen. 1982 führte Inmarsat [5] erste Systeme für die Schifffahrt im L-Band ein und erweiterte diese ab 1989 auch für den mobilen Landeinsatz. Die geostationären Satelliten des Inmarsat-Systems erreichten nahezu globale Abdeckung mit Ausnahme der Polkappen. Erst die Iridium-Satelliten [6] mit Umlaufbahnen von 200 km - 1200 km (engl. *LEO: low-earth orbit*) bieten seit 1998 erdumspannende Daten- und Sprechdienste an. Im Jahr 2000 erschien Globalstar [7] mit einem zum Iridium vergleichbaren System auf dem Markt.

Beide Firmen konnten ihre Dienste ausbauen, so dass 2008 rund 320.000 Nutzer je Betreiber auf mobile Kommunikation via Satellit zurückgriffen. Dennoch liefern beide Systeme mit 128 kbit/s (Iridium) bzw. 56 kbit/s (Globalstar) nicht die erforderlichen Bandbreiten, die für moderne TV-Streaming-Anwendungen oder DSL-Internetverbindungen benötigt werden.

Breitband-Satelliten-Kommunikationssysteme

Auch wenn die anfangs im L-Band realisierten Übertragungen zwischen Satellit und mobilem Terminal Vorteile wegen der geringen Größe der Antenne, geringer Dämpfung durch Regen und flächendeckender Ausleuchtung aufweisen, sind die verfügbaren Bandbreiten gering [8]. Zur Erschließung höherer Bandbreiten wechselten die Satellitenbetreiber zu höheren Frequenzen und waren so in der Lage, preisgünstigere Systeme für eine größere Zielgruppe anzubieten. In den letzten Jahren zeichnete sich so ein wachsender Trend neuer Kommunikationssatelliten im Ka-Band ab. Seit 2005 sind in Nordamerika Breitband-Internetverbindungen zugänglich, die im Ka-Band Transferraten von bis zu 1,5 Mbps (engl. *download*) erlauben (WildBlue über Telesats Anik F2 Satellit [9]). Die Anfrage oder das Hochladen von Daten (engl. *upload*) erfolgt mit geringen Raten von bis zu 256 kbps. Vergleichbare Systeme finden sich seit 2007 auch in Europa (Tooway von Eutelsat und Viasat über Hotbird 6 und Eurobird 3 Satelliten [10]). Die Übertragungsraten liegen bei 3,6 Mbps (download) bzw. 384 kbps (upload) und nähern sich den gängigen DSL Geschwindigkeiten von 16 Mbps an. In naher Zukunft sind zunehmend mehr Satellitenstarts geplant (z.B. Hylas Satellit von ESA und Avanti Communications [11], Ka-Sat von Eutelsat [12] oder Arabsat 5C/6B von Astrium und Thales Alenia Space [13]). Die Frequenzbereiche erstrecken sich von 19,7 GHz bis 20,2 GHz im Download vom Satelliten zum Terminal und 29,5 GHz bis 30 GHz im Upload vom Terminal zum Satelliten. Die verwendeten Polarisationen sind bis auf Eutelsats Tooway zirkular, um zum einen die Installation für Endverbraucher zu vereinfachen und zum anderen eine aufwendige Nachführung der horizontalen oder vertikalen Polarisation zu vermeiden. Gängige Ausleuchtungsszenarien der abzudeckenden Gebiete bedienen sich mehrerer Hauptkeulen (engl. *spot beams*), deren Frequenz und Polarisation alternieren [14, 15]. Dadurch verbessert sich die Isolation benachbarter spot beams erheblich. Jedoch muss ein nicht stationäres Terminal dementsprechend auf beiden Polarisationen betrieben werden können.

Die höheren Bandbreiten im Ka-Band stellen allerdings anspruchsvolle Anforderungen an die Antennensysteme. Der durch die Freiraumdämpfung erforderliche hohe Gewinn der Antennenterminals geht mit schmalen Keulenbreiten einher. So weist z.B. eine 66 cm Parabolantenne mit einer Effizienz von 70 % eine Keule mit einer Halbwertsbreite von unter zwei Grad auf und erlaubt nur geringe Ausrichtungsfehler von unter einem Grad auf den Satelliten [16, 17]. Zudem können sich Fehlausrichtungen der Terminalantenne störend auf benachbarte Satelliten aufgrund ihrer dichten geostationären Orbitalposition im Abstand von zum Teil nur zwei Grad auswirken. Die autonome Ausrichtung der Antennenkeule auf den Satelliten und ihre Nachführung sind daher unerlässlich für mobile Antennensysteme.

Nachführbare Antennenterminals für mobile Szenarien

Antennen mit kompakter Bauart zur Montage unter anderem auf Schiffen, Flugzeugen oder Fahrzeugen bezeichnet man auch als VSAT [18] (engl. *Very Small Aperture Terminal*). Geschieht die Ausrichtung und Nachführung mechanisch, werden meist Parabolspiegel eingesetzt. Eine elektronische Strahlschwenkung hingegen basiert auf Gruppenstrahlern. Sie bestehen aus mehreren, meist hundert Einzelstrahlern, deren einzelne Strahlungsfelder konstruktiv in Hauptstrahlrichtung überlagert werden [19]. Eine Überlagerung mittels eines elektrischen Netzwerkes erfolgt bei einem phasengesteuerten Gruppenstrahler (engl. *phased array*). Liegen die Signale der Einzelstrahler digital vor und werden zu einem Summensignal zusammengesetzt, spricht man hingegen von digitaler Strahlformung (engl. *DBF - Digital Beam Forming*). Mechanische Strahlführungssysteme zeichnen sich durch ihre verhältnismäßig einfache, zuverlässige und kostengünstige Bauweise aus und sind in der Schifffahrt verbreitet im Einsatz [20]. Lufthansa stattete 2004 einige Flugzeuge mit mechanischen Systemen von Connexion-by-Boeing [21, 22, 23] aus und bot Breitband-Internetdienste für Interkontinentalflüge an. Der Dienst konnte sich jedoch nicht am Markt etablieren und wurde vorerst eingestellt. Phased Arrays finden sich in einer Vielzahl von Radarsystemen und Antennen wieder [24, 25]. Sie setzen zumindest Phasenschieber, meistens jedoch I/Q-Modulatoren für jeden Einzelstrahler voraus, womit sich der Schaltungs- und Steuerungsaufwand deutlich erhöht. DBF-Systeme [26, 27] verfügen für jedes Antennenelement über einen eigenen Sender oder Empfänger und verarbeiten die Signale digital im Basisband. Liegen die abgetasteten Signale digital vor, können sie unterschiedlichste Algorithmen zur Generation von Mehrfachkeulen, zur adaptiven Strahlformung und zur Unterdrückung von Störern durchlaufen. Auch ist die Geschwindigkeit ihrer Strahlschwenkung im Wesentlichen nur durch die Echtzeit-Rechenleistung beschränkt. All diese Eigenschaften prädestinieren DBF-Antennen für mobile Terminals zukünftiger Satellitenkommunikationen.

Die Komplexität von DBF-Antennen leitet sich zum einen aus dem Schaltungsaufwand eines Einzelelementes ab, der sich mit der Anzahl an Elementen vervielfacht. Zum anderen ist der maximale Abstand zwischen zwei Elementen begrenzt. Bei Vermeidung von mehreren Hauptkeulen und einer mehrdeutigen Richtcharakteristik entspricht der maximale Abstand zwischen benachbarten Elementen einer halben Wellenlänge [19]. Diese Einschränkung führt in Verbindung mit dem Schaltungsaufwand bei Frequenzen im Millimeterwellenbereich zu hohen Integrationsdichten. Zieht man die gleichzeitige Nutzung beider Polarisationen in Betracht, verdoppelt sich sogar die Integrationsdichte, da je Einzelelement zwei Empfangs- bzw. Sendeschaltkreise erforderlich werden. Polarisationsmultiplex ist bei den erwähnten Satelliten-Kommunikationssystemen nicht geplant, stellt allerdings eine in der Nachrichtentechnik gängige Lösung zur Erhöhung des Datendurchsatzes dar. Die Polarisation eines mobilen Terminals sollte zumindest schaltbar sein, um auch Ausleuchtungsszenarien mit alternierenden Polarisationen bedienen zu können.

Ziel und Gliederung der Arbeit

Die hohe Integrationsdichte aktiver Gruppenstrahler stellt eine noch ungelöste Problemstellung im Millimeterwellenbereich dar. Bisherige Ansätze digital steuerbarer Antennen beschränken sich auf das Ku-Band oder stoßen in ihrem Aufbau bei Nutzung einer Polarisation unter Berücksichtigung des begrenzten Elementabstandes im Ka-Band an ihre Grenzen [28]. Die Umschaltung bzw. gleichzeitige Verwendung orthogonaler Polarisationen verlangt neue Integrationskonzepte.

Ziel dieser Arbeit ist die Erforschung neuer Integrationsansätze zur Realisierung von Polarisationsmultiplex bei aktiven Gruppenstrahlern oberhalb des Ku-Bands. Als Anwendungsbeispiel lassen sich die zur Zeit vermehrt in Erscheinung tretenden Satellitenkommunikationssystem im Ka-Band nennen. Der Entwurf verfolgt dabei einen modularen Ansatz zur Skalierbarkeit für große Gruppenstrahler. Kernpunkt der vorgestellten Architektur ist der Einsatz von flüssig-kristallinen Polymeren (engl. *LCP* - *Liquid Crystal Polymer*) als Hochfrequenzsubstrat einer starr-flexiblen Mehrlagenleiterplatte (engl. *Multilayer*). Der starr-flexible Materialaufbau stellt hier im Zusammenhang mit aktiven Antennenmodulen einen vollkommen neuartigen Ansatz mit hohen technologischen Anforderungen dar. Dem Polarisationsmultiplex liegt dabei eine besondere Bedeutung als Nachweis höchster Integrationsfähigkeit und als neu zu untersuchende Funktionalität der Architektur inne, die bisher nicht für aktive Gruppenstrahler bereit gestellt werden konnte. Diese Dissertation ist im Rahmen des Forschungsprojektes „Santana 3" (Smart Antenna Terminal) entstanden, welches vom Bundesministerium für Wirtschaft und Technologie (BMWi), vertreten durch das Deutsche Zentrum für Luft- und Raumfahrt (DLR), gefördert wird. Damit verknüpft, orientiert sich die Umsetzung der Architektur an einen Technologiedemonstrator einer Empfangsantenne bei 20 GHz.

Der Schwerpunkt dieser Arbeit liegt in der Analyse der starr-flexiblen Leiterplatte hinsichtlich ihrer elektrischen Eigenschaften sowie der Integrierbarkeit von aktiven und passiven Schaltungskomponenten. Die Analyse wird dabei durch Simulationen und Messungen verschiedener Leiterstrukturen wie Übergänge, Filter, Netzwerke und Antennen im Millimeterwellenbereich vollzogen.

Die aus der Zielsetzung dieser Dissertation und dem Santana-Projekt hervorgegangenen Spezifikationen eines Empfangmoduls mit Polarisationsmultiplex bei 20 GHz werden zunächst in Kapitel 1 genannt und in Hinblick auf ihre Auswirkung auf planare Architekturansätze erörtert. Dabei wird ein systemumfassender Überblick der zu integrierenden Komponenten wie z.B. Halbleiter, Antennenelemente, Kühlmöglichkeiten, etc. gegeben. Wie gezeigt wird, sind mehrere Ebenen aktiver Bauelemente zu implementieren, deren elektrische Verbindung effizient mit flexiblen Substraten verwirklicht werden kann. Des Weiteren sind kontrollierte Halbleiterumgebungen durch Wahl geeigneter

Kapselung zur Verminderung von Rückkopplungen und Vermeidung instabiler Arbeitspunkte zu schaffen.

Kapitel 2 befasst sich eingehender mit flüssig-kristallinem Polymer als flexiblem Material für Hochfrequenzleitungen. Die Verarbeitung zum starr-flexiblen Verbund mit sehr hohen Integrationsdichten stellt zum Zeitpunkt dieser Arbeit ein Novum dar und bringt einige Vorteile, aber auch Einschränkungen für die Mehrlagentechnologie mit sich. Auswirkungen von Biegungen der Hochfrequenzleitungen auf ihre S-Parameter werden analysiert. Der Einfluss von Schutzlaminat auf die Transmissionseigenschaften wird bestimmt. Aus einer abschließenden Bewertung lässt sich eine Aufbauarchitektur mit hoher Integrationsfähigkeit ableiten.

Die detaillierte Ausarbeitung eines Empfangmoduls bei 20 GHz ist Gegenstand des dritten Kapitels. Das starr-flexible Konzept wird unter Berücksichtigung der elektrischen, thermischen und mechanischen Anforderungen in einen Demonstrator umgesetzt. Die Ausarbeitung unterteilt sich in die Einzelkomponenten Antennenelement, Spiegelfrequenzfilter, Kühlung und Kapselung. Auch eine Skalierung des Modulkonzepts für große Gruppenstrahler wird vorgestellt.

Im letzten Kapitel wird die Simulation und Charakterisierung des gesamten Moduls dargelegt. Die Fernfeldmessung des Gruppenstrahlers verifiziert dabei die Funktionalität des Polarisationsmultiplex. Weiterhin wird der wichtige Zusammenhang der Integrationsdichte mit Kanalverkopplungen diskutiert. Die Arbeit schließt mit einem Ausblick über die Adaptierung der vorgestellten Architektur an noch höhere Integrationsdichten und Frequenzen.

Kapitel 1

Architekturaspekte

Ziel dieses Kapitels ist es, eine Einführung in den Aufbau aktiver Empfangsmodule zu geben. Es werden dabei diejenigen Aspekte behandelt, die entscheidenden Einfluss auf die Integrationsdichte haben. Je nach Einfluss werden so verschiedene Architekturansätze, Technologien und Materialien begünstigt oder benachteiligt. Zunächst erfolgt eine Schilderung grundlegender Theorie von Gruppenstrahlern sowie eine Übersicht möglicher Schaltungskonzepte. Anschließend werden Systemspezifikationen aus bereits vorhandenen Kommunikationssystemen abgeleitet und umfassende Anforderungen an das Design eines Antennenmoduls formuliert. Da Polarisationsmultiplex einen hervorgehobenen Gesichtspunkt dieser Arbeit darstellt, wird gesondert darauf eingegangen. Weiterhin erlaubt eine Auflistung verfügbarer Aufbauarchitekturen einen Überblick möglicher Lösungsansätze und verdeutlicht, worin das Potenzial starr-flexibler Konzepte für hochintegrierte Module liegt.

1.1 Aktive Gruppenstrahler

1.1.1 Theorie des Arrayfaktors

Gruppenstrahler setzen sich aus mehreren Einzelstrahlern zusammen, deren Strahlungscharakteristiken überlagert werden. Das Fernfeld eines Gruppenstrahlers $\vec{E}_{array}(\theta, \phi)$ gleicht demnach der Summe der einzelnen Fernfelder nach Richtung, Betrag und Phase. Im Falle identischer Einzelstrahler vereinfacht sich diese Summation zu dem Produkt aus der Einzelstrahlercharakteristik $\vec{E}_{einzel}(\theta, \phi)$ und dem Arrayfaktor $AF(\theta, \phi)$. Der Arrayfaktor entspricht der Summe der relativen Phasen und Anregungen der Einzelstrahler zueinander. Er berücksichtigt sowohl die geometrische Anordnung der Elemente, als auch deren komplexe Gewichtung $I_{m,n}$. Abbildung 1.1 zeigt die planare Anordnung von MxN Einzelstrahlern mit äquidistanten Abständen d_x in x-Richtung und d_y in y-Richtung.

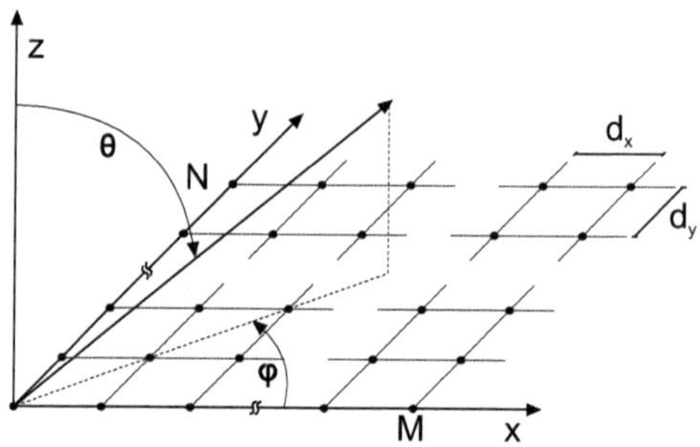

Abbildung 1.1: Geometrie eines planaren Gruppenstrahlers.

Das Fernfeld ergibt sich mit der Wellenzahl k zu [19]:

$$\vec{E}_{array}(\theta, \phi) = \vec{E}_{einzel}(\theta, \phi) \cdot \sum_{m=1}^{M} \sum_{n=1}^{N} I_{m,n} e^{jmkd_x sin(\theta) cos(\phi)} e^{jnkd_y sin(\theta) sin(\phi)}. \quad (1.1)$$

Eine konstruktive Überlagerung der Phasen aus Gleichung 1.1 in die Hauptstrahlrichtung θ_0 und ϕ_0 entsteht bei Gewichtung der Einzelstrahler mit

$$I_{m,n} = e^{-jmkd_x sin(\theta_0) cos(\phi_0)} e^{-jnkd_y sin(\theta_0) sin(\phi_0)}. \quad (1.2)$$

Durch die Amplituden und Phasen der Koeffizienten $I_{m,n}$ wird das Antennenarray kalibriert oder die Richtcharakteristik in Hauptstrahlrichtung angepasst. Die konstruktive Überlagerung bleibt bei der Freiraumwellenlänge λ innerhalb des Elevationswinkels θ_{max}<90° eindeutig, solange der maximale Abstand $d_{x,max}$ bzw. $d_{y,max}$

$$d_{x,max}, d_{y,max} < \frac{\lambda}{1 + sin(\theta_{max})} \tag{1.3}$$

genügt [19]. Zur Vermeidung parasitärer Hauptkeulen ist der Abstand benachbarter Einzelstrahler nach Gleichung 1.3 auf $\lambda/2$ begrenzt. Diese dem Nyquist-Shannon-Abtasttheorem [29] gleichende Bedingung prägt entscheidend die Integrationsdichte aktiver Antennenarrays. Aktive Antennenarrays im Millimeterwellenbereich lassen sich bei Erfüllung des Abtasttheorems nicht mit herkömmlichen kommerziellen Komponenten aufbauen. Bereits die Abmessungen eines koaxialen Standardsteckers für Ka-Band sind mit der halben Wellenlänge bei 20 GHz vergleichbar.

1.1.2 Schaltungskonzepte

Die dynamische Steuerung der Gewichtungskoeffizienten in Gleichung 1.2 bedarf aktiver Bauelemente für jeden Einzelstrahler. Prinzipiell können Phasen und Amplituden der Einzelstrahler elektrisch durch Halbleiter variiert oder numerisch durch digitale Verarbeitung manipuliert werden. Bei beiden Möglichkeiten wird das hochfrequente Übertragungsband ins Basisband heterodyn oder homodyn umgesetzt [30]. Aus den bekannten Vor- und Nachteilen beider Methoden [31, 32, 33] ist hervorzuheben, dass ein homodyner Empfang ohne Spiegelfrequenzfilter auskommt und eine geringere Schaltungskomplexität aufweist. Allerdings wird in der Satellitenkommunikation das Heterodyn-Verfahren aufgrund der besseren Dynamik und Kanalselektivität bevorzugt. Abbildung 1.2 skizziert ein generisches Blockschaltbild eines Überlagerungsempfängers. Das Antennensignal wird rauscharm verstärkt, gefiltert und auf eine Zwischenfrequenz (ZF) oder direkt ins Basisband umgesetzt.

Die Zwischenfrequenzstufe selektiert den mit dem Lokaloszillator abgestimmten Kanal aus dem HF-Band und verstärkt diesen für eine weitere Signalverarbeitung im Basisband. Alle HF-Schaltungselemente unterliegen dem für die Architektur kritischen Abtasttheorem. D.h. in ihrer Integration muss der erörterte maximale Elementabstand mit berücksichtigt werden. Erwartungsgemäß übersteigt der Schaltungsaufwand der Zwischenfrequenzstufe den der HF-Stufe, weil sich Kanalselektierung, Pegelanpassung und hohe Verstärkungen bei

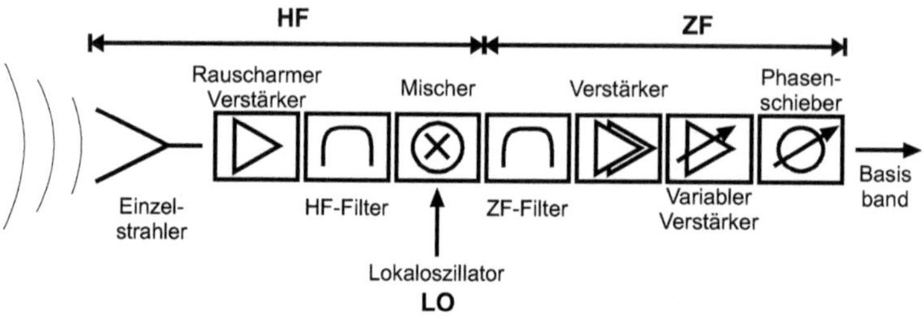

Abbildung 1.2: Überlagerungsempfänger eines Einzelstrahlers.

niedrigeren Frequenzen effizienter realisieren lassen. Eine Implementierung der vollen Funktionalität einer ZF-Stufe in ein bereits hoch integriertes Antennenmodul erscheint wenig sinnvoll, zumal Signalverluste durch Kabeldämpfungen und Steckverbindungen bei der Zwischenfrequenz deutlich geringer ausfallen und deshalb eine externe ZF-Stufe gestatten. Bezüglich der Integrationsdichte stellt die in 1.2 abgebildete minimale Konstellation an HF-Komponenten bereits eine Herausforderung dar, wie in Abschnitt 1.4 noch verdeutlicht wird. Phasenschieber und variable Verstärker ließen sich auch auf HF-Ebene verwirklichen, treiben die Integrationsdichte allerdings merklich in die Höhe.

Das Lokaloszillatorsignal (LO) wird dem Mischer eines jeden Einzelstrahlers zugeführt. Für eine phasenstarre Anbindung aller Mischer an den LO verteilt ein passives Netzwerk ein für das Antennenmodul zentral gespeistes Lokaloszillatorsignal. Einfache Verteilernetzwerke z.B. mit Wilkinson-Teiler besitzen 2^n Ausgänge und bestimmen somit die Anzahl an Einzelstrahlern pro Modul. Subharmonische Mischer verringern die Oszillatorfrequenz und desensibilisieren entsprechende Netzwerke sowie Zuleitungen und Steckverbinder gegenüber Phasenschwankungen. Die Integrationsdichte bleibt jedoch bestehen.

Unter dem wesentlichen Gesichtspunkt der Packungsdichte bei hohen Frequenzen, lässt sich das Schaltungskonzept aktiver Antennen auf die HF-Stufe reduzieren. Dieses gilt sowohl für phasengesteuerte als auch für digital steuerbare Gruppenstrahler. Abbildung 1.3 gibt einen zusammenfassenden Überblick der zu integrierenden Schaltungstopologie. Sie zeigt einen heterodynen Empfänger je Einzelstrahler mit LO-Verteilernetzwerk und Gleichspannungsnetzwerk (DC) für die aktiven Bauelemente. Dieser Schaltungsaufbau berücksichtigt allerdings nur eine Polarisation je Einzelstrahler. Bei gleichzeitiger Nutzung beider Polarisationen wird jede Polarisation in einem separaten Heterodynempfänger getrennt auf die Zwischenfrequenz umgesetzt, so dass sich der Schaltungsaufwand nahezu verdoppelt. Für ein bloßes Wechseln der Polarisation hingegen ist der Topologie ein Umschalter hinter den Einzelstrahlern hinzuzufügen.

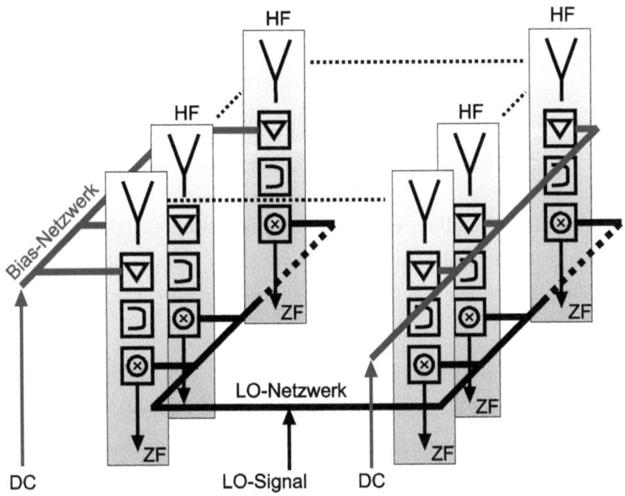

Abbildung 1.3: Schaltungstopologie eines aktiven Gruppenstrahlers.

1.2 Systemspezifikationen

1.2.1 Anzahl an Einzelstrahlern

Die Umsetzung des starr-flexiblen Architekturansatzes orientiert sich an den Anforderungen gängiger Link-Budgets der geostationären Satellitenkommunikation im Ka-Band. Dieses erlaubt eine Abschätzung der Anzahl an Einzelstrahlern und verdeutlicht somit, in welcher Komplexität die Architektur für zukünftige Anwendungen umsetzbar sein sollte. EUROSKYWAY steht für ein exemplarisches Link-Budget, auf dessen Grundlage auch die mit dieser Arbeit verbundenen Forschungsprojekte Santana II [34, 35, 36] und Santana III basieren. Für den Aufbau eines Antennenmoduls sind die Frequenzbereiche, Polarisationen, sowie die geforderten Richtcharakteristiken entscheidend. Tabelle 1.1 listet die Systemparameter [37] für einen Downlink auf.

EUROSKYWAY Downlink			
Mittenfrequenz	19,95 GHz	Bandbreite	500 MHz
Polarisation	Links-zirkular	Achsenverhältnis	<1,2 dB
EIRP	54,2 dBW	Schwenkbereich	$\pm 60°$
Modulation	QPSK	Bitfehlerrate	$<10^{-6}$

Tabelle 1.1: Systemparameter des Empfangsterminals.

Die Mittenfrequenz und die Bandbreite setzen den Durchlassbereich des in der Schaltungstopologie gezeigten Spiegelfrequenzfilters zu 19,7 GHz bis 20,2 GHz fest. Die relative Bandbreite für den Antennenentwurf entspricht 2,5 % bei 20 GHz.

Als Halbleiterkomponenten werden in hochintegrierten Systemen MMICs (engl. *Monolithic Microwave Integrated Circuits*) eingesetzt. MMICs können als Chip ohne Gehäuse sehr platzsparend integriert werden und setzen nur wenige externe Komponenten für den Betrieb voraus. Rauscharme Empfangsstufen kommerzieller MMICs erreichen Rauschzahlen von ca. F=2,7 dB [28] bei Raumtemperatur T_0=290 K. Die für den Empfänger charakteristische Empfangsgüte G/T berechnet sich bei N_e Einzelstrahlern mit jeweils einem Antennengewinn $G_{einzeln}$ und der angenommen Antennenrauschtemperatur T_a=70 K bei Satellitenverbindungen zu [38]:

$$G/T = \frac{G_{einzel} N_e}{T_a + (F-1)T_0}. \tag{1.4}$$

Das G/T eines Einzelstrahlers beträgt nach 1.4 z.B. -21 dB/K für einen Antennengewinn von 4 dB. Das Träger-Rausch-Verhältnis C/N beschreibt die Qualität einer modulierten Signalübertragung. Es gleicht dem Produkt aus effektiver, isotrop abgestrahlter Sendeleistung $EIRP$, G/T und den Kehrwerten der Übertragungsverluste L_v, der Boltzmannkonstante k und der Kanalbandbreite B [39]:

$$C/N = EIRP \cdot \frac{G}{T} \cdot \frac{1}{L_v k B}. \tag{1.5}$$

Nach dem Shannon-Hartley Theorem [29] ist die maximale Kanalkapazität

$$R_{max} = B \cdot log_2(1 + C/N). \tag{1.6}$$

durch das Träger-Rausch-Verhältnis begrenzt. Abbildung 1.4 zeigt den Zusammenhang zwischen maximaler Kanalkapazität und Anzahl an Einzelstrahlern bei verschiedenen Kanalbandbreiten, wenn man die bisher genannten Parameter den Gleichungen 1.4-1.6 zugrunde legt. Eine detaillierte Auflistung der Werte findet sich in Anhang A.1. Die Datenrate nimmt bei niedrigen Kanalbandbreiten und hoher Anzahl an Einzelstrahlern nur gering mit N_e zu.

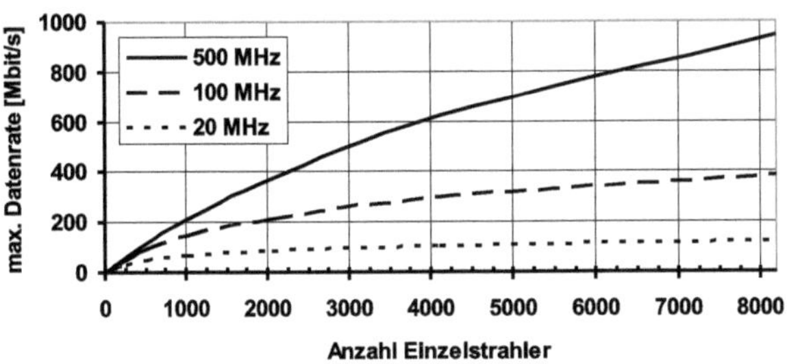

Abbildung 1.4: Max. Kanalkapazität in Abhängigkeit von der Kanalbandbreite des EUROSKYWAY-Szenarios (siehe auch Anhang A.1).

Bei Zwischenfrequenzbandbreiten von 100 MHz ist der Zuwachs an Kanalkapazität jenseits 4000 Strahler gering. Eine Verdoppelung der Anzahl auf 8000 Strahler bewirkt lediglich einen Anstieg der möglichen Datenrate um 31 %. Eine ähnliche Schwelle ist im Falle 20 MHz Bandbreite bei Verdopplung von ca. 800 Elementen auf 1600 Elementen erreicht. Daraus folgernd steht ab einer gewissen Anzahl an Einzelstrahlern der Gewinn an Kanalkapazität in keinem wirtschaftlichen Verhältnis mehr zur Komplexität des Schaltungsaufwands. Eine konkrete obere Grenze an Einzelstrahlern lässt sich jedoch im Allgemeinen nicht ableiten. Dieser Betrachtung ist noch hinzuzufügen, dass ein reales Szenario in seinem Link-Budget wesentlich komplexer zusammengesetzt ist.

Zusätzliche Streckendämpfung durch atmosphärische Dämpfung, Regen, Depolarisation, Störstrahlung, etc. muss je nach Applikation untersucht werden und führt an dieser Stelle zu keiner allgemeinen Aussage.

Eine minimale Anzahl an Strahlern kann aus einer minimal geforderten Datenrate abgeleitet werden. Vergleichbare Breitbanddienste wie WLAN oder DSL stellen Datenraten zwischen 16 Mbit/s und 54 Mbit/s bereit. Nach Abbildung 1.4 verlangt dieses bei 20 MHz bereits 90 bzw. 662 Einzelstrahler. Zur vollständigen Diskussion des Parameters N_e ist jedoch die Richtcharakteristik des Arrays hinzu zu ziehen. Der Abstand der geostationären Orbitalpositionen beträgt bei einigen Satelliten nur 1-3°, so dass die Halbwertsbreite der Richtcharakteristik für eine Störunterdrückung benachbarter Satelliten entsprechend gering ausfallen muss. Um einen breiten Schwenkbereich von ±60° abzudecken, sind Einzelstrahler mit hoher Halbwertsbreite in der Hauptkeule zu verwenden. Die Ausprägung einer schmalen Keule zur exakten Ausrichtung wird folglich allein durch den Arrayfaktor nach Gl. 1.1 und 1.2 erzielt. Unter der vereinfachten Annahme eines planaren Arrays mit $N = M$ Elementen im Abstand $dx = dy = d$ und gleicher Gewichtung $I_{m,n}$=1 lässt sich die Halbwertsbreite θ_{3dB} der Hauptkeule in ϕ_0=0 angeben [40, 41, 42]:

$$\theta_{3dB} = \frac{0,884\lambda}{Nd \cdot cos(\theta_0)}. \tag{1.7}$$

Mit zunehmendem Elevationswinkel wird die Hauptkeule breiter und verformt sich unsymmetrisch. Abbildung 1.5 vergleicht die Halbwertsbreiten nach Gl. 1.7 für eine Hauptkeulenausrichtung in θ_0=0° und θ_0=60°. Für beide Fälle wird der Bedarf einer hohen Anzahl an Strahlern für entsprechend schmale Keulen ersichtlich. Eine angenommene Halbwertsbreite von maximal 2° in Hauptstrahlrichtung erfordert so mindestens 2500 Strahler.

Zusammenfassend lässt sich die Anzahl an Einzelstrahlern grob auf 2500 bis 4000 Elemente für eine reale Anwendung als sinnvoll abschätzen. Aus dieser beachtlichen Anzahl ergeben sich mehrere Bedingungen hinsichtlich der Integration der ebenso zahlreichen aktiven Komponenten. Auf diese Bedingungen wird im Folgenden eingegangen.

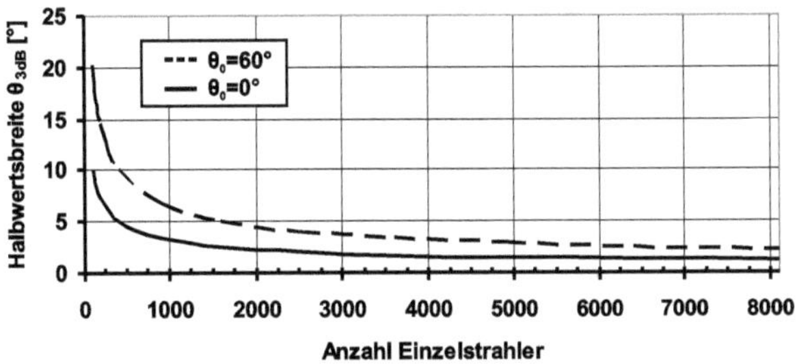

Abbildung 1.5: Halbwertsbreite der Hauptkeule in Abhängigkeit von der Anzahl an Einzelstrahlern.

1.2.2 Integration aktiver Komponenten

Die Anzahl an Einzelstrahlern konnte zwar wesentlich eingegrenzt werden, die Zusammenhänge zeigen aber auch, dass diese Anzahl je nach Anwendungsszenario erheblich variieren kann. Deshalb bietet sich hier ein modularer Ansatz der Aufbauarchitektur an, der eine Skalierung des Gruppenstrahlers erlaubt und die Komplexität der Integrationsaufgabe zunächst auf ein handhabbares Maß reduziert. Die Unterteilung in Module trägt auch einer erhöhten Ausbeute unter technologisch anspruchsvollen Herstellungsbedingungen Rechnung. So lassen sich fehlerhafte Einzelelemente in einem modularen Aufbau einfacher ersetzen. Als Modulgrößen bieten sich, wie bereits in Abschnitt 1.1.2 erwähnt, 2^n Elemente an. In Anlehnung an das Forschungsvorhaben Santana III wird auf eine Modulgröße von 4x4 Strahlern zurückgegriffen.

Die Integration der MMICs erfolgt auf HF-Substraten als sog. Multi-Chip-Modul (MCM). MCM bieten eine hohe Funktionalität durch die Kombination verschiedenster Materialien und Technologien. Einen Überblick der unterschiedlichen MCM-Technologien findet sich in [28, 43, 44]. Durch die kompakte Anbindung der MMICs an die übrigen Schaltungselemente erlauben MCM aber vor allem einen hoch integrierten Aufbau. In dieser Arbeit stehen MCM im Vordergrund, die auf Technologien für organische Mehrlagenlaminate beruhen. Folgende Punkte stehen daher im Mittelpunkt der MCM-Entwicklung [45]:

- Kapselung der MMICs gegen äußere Einflüsse
- HF-Verbindungstechnik der MMICs mit dem Substrat
- Wärmeabfuhr, Anpassung der thermischen Ausdehnungskoeffizienten
- Reduzierung der Produktionskosten für Massenfertigung
- Reproduzierbarkeit und Verifikation der Module

Die Kapselung der MMICs gegen chemische, elektrische und thermische Einflüsse erfährt in der MCM-Technologie immense Beachtung, da die Halbleiter direkt auf dem Trägersubstrat platziert werden. Neben hermetischen Metall-, Keramik- und Glasskapselungen, die überwiegend in der Raumfahrt und im militärischen Bereich angewendet werden, haben sich am Massenmarkt Plastikgehäuse und polymere Vergussmassen (engl. *Glob-tops*) etabliert [46, 47]. Mit starr-flexiblen Substraten lassen sich hermetische Kapselungen in MCM-L Technologie aufgrund der nicht gasdichten organischen Materialien nur schwer verwirklichen [47], weshalb die Verwendung kostengünstigerer Glob-tops nahe liegt. Der Einfluss der Kapselung ist gesondert zu berücksichtigen. Gerade bei Glob-tops erhöht sich die effektive Permittivität der integrierten Leitungen aufgrund des direkten Kontaktes der polymeren Vergussmasse mit dem MMIC [48]. Für Schaltungen einfacher Güte fällt der Einfluss im Ka-Band jedoch gering aus [49, 50, 51]. Potenziell lassen sich mit Glob-tops gute Dichtheiten bei hoher Zuverlässigkeit erzielen. Das Polymer kann dabei mit Dispensern und einem umschließenden Damm aus festerem Gussharz sehr genau auf einer eingegrenzten Fläche platziert werden [52].

Als HF-Verbindungstechnik des MMICs an Leitungen auf dem Substrat sind Drahtbonden, Flip-Chip und Ball-Grid Arrays (BGA) [53] weit verbreitet. Drahtbondtechnologien sind am längsten etabliert, weshalb der Großteil an MMICs auf diese Verbindungstechnik ausgerichtet ist. Der Drahtbond erfordert eine möglichst harte Substratoberfläche zur Aufnahme der Ultraschallenergie und setzt eine Goldschicht am Kontaktpunkt voraus. Die Aufnahmefläche des Bonds auf dem MMIC beträgt in der Regel (25-50 μm)^2 und fällt auf dem Substrat aufgrund der begrenzten Linienauflösung in der Mehrlagentechnologie größer aus (75-100 μm^2). Die durch den bis zu 1 mm langen Draht eingeführte Serieninduktivität beträgt ca. 0,5-2 nH [54] und wird beim Halbleiterhersteller im Design meist berücksichtigt. Flip-Chip Verbindungen [55, 56] sind noch kompakter und erschließen damit prinzipiell höhere Frequenzbereiche. Ihr Platzbedarf lässt sich auf die Aufnahmefläche eines Drahtbonds reduzieren. Allerdings ist die optische Sichtkontrolle der Lötkugeln nur sehr bedingt möglich. Gleiches gilt auch für BGA Verbindungen. Zusammenfassend sind derzeit Drahtbond-Verbindungen zu bevorzugen, da es an MMICs mangelt, die sich für Flip-Chip bzw. BGA Techniken eignen. Wegen der höheren Integrationsdichte ist allerdings ein Wechsel der Verbindungstechnik mit zukünftigen Chipgenerationen wahrscheinlich.

Thermisches Management findet bei der Wahl der Verbindungstechnik und Materialien starke Beachtung. Der niedrige Wirkungsgrad eines MMICs verlangt eine effiziente Ableitung der Verlustleistung über den Chipträger oder das Substrat. Die Leistungsaufnahme kommerzieller, rauscharmer Verstärker für 20 GHz beträgt durchschnittlich 200 mW [57], die eines kompletten Empfängers mit aktivem Mischer oder verstärktem Lokaloszillatoreingang unterschreitet selbst bei sorgfältiger Auswahl der MMICs kaum 300 mW (z.B. Hittite HMC337 [57] und UMS CHA2090 [58]). Bei 4000 Elementen eines aktiven Gruppenstrahlers summiert sich die Verlustleistung auf bis zu 1,2 kW, die durch eine effiziente Kühllösung abgeführt werden muss. Kostensparende Technologien verbinden den MMIC mittels eines Epoxy-Klebstoffs direkt mit der Substratmetallisierung, besitzen allerdings eine schlechtere Leitfähigkeit als Gold-Zinn-Lote [59]. Eine Fehlanpassung des thermischen Ausdehnungskoeffizienten des MMICs (hier Gallium Arsenid: 5,8 ppm/K) an das Substrat (meist 5-17 ppm/K) kann zu mechanischen Belastungen der Löt- oder Epoxy-Verbindungen und infolgedessen zu einer Verringerung der thermischen Leitfähigkeit der Verbindung führen [60, 61]. Die meist idealisierten thermischen Simulationen [62] sind daher durch eine messtechnische Untersuchung zu verifizieren. Löt- oder Epoxy-Verbindungen von MMICs direkt auf die Kupferoberfläche organischer Substrate stellen für Schaltungskonzepte ohne Leistungsverstärker einen einfachen Lösungsansatz der thermischen Anbindungsproblematik dar.

Ein technologisch umsetzbarer Ansatz ist bei hohen Integrationsdichten und einer hohen Anzahl an teuren Halbleitern ein entscheidender Faktor zur Akzeptanz einer Idee am Markt, der auch in der Forschung nicht unbeachtet bleiben kann. Die Aufbau- und Verbindungstechnik für MMICs stellt dabei den aufwendigsten und sensibelsten Prozess bei der Herstellung von MCM-Modulen dar. Eine hohe Ausbeute in der MCM-Fertigung setzt eine Messbarkeit der Funktionalität während der Fertigung und die Möglichkeit der Reparatur bzw. des Ersatzes defekter Komponenten voraus. Beide Faktoren nehmen einen erheblichen Anteil am Produktionsaufwand ein. Testmessungen auf dem Halbleiterwafer [63, 64] bis hin zur Charakterisierung des fertigen MCMs sind hier Stand der Technik.

1.3 Polarisationsmultiplex

1.3.1 Polarisation von Strahlungsfeldern

Die Polarisation einer sich ausbreitenden Welle definiert sich aus der Lage des elektrischen Feldvektors. Oszilliert der elektrische Feldvektor entlang einer räumlichen Achse, spricht man von linearer Polarisation. Rotiert der Feldvektor auf einer Kreisbahn senkrecht zur Ausbreitungsrichtung, liegt zirkulare Polarisation vor. Abbildung 1.6 verdeutlicht beide Polarisationsarten. Der Drehsinn zur Ausbreitungsrichtung bestimmt, ob es sich um links zirkulare (LHCP: engl. *left hand circular polarization*) bzw. rechts zirkulare (RHCP: *engl. right hand circular polarization*) Polarisation handelt [19].

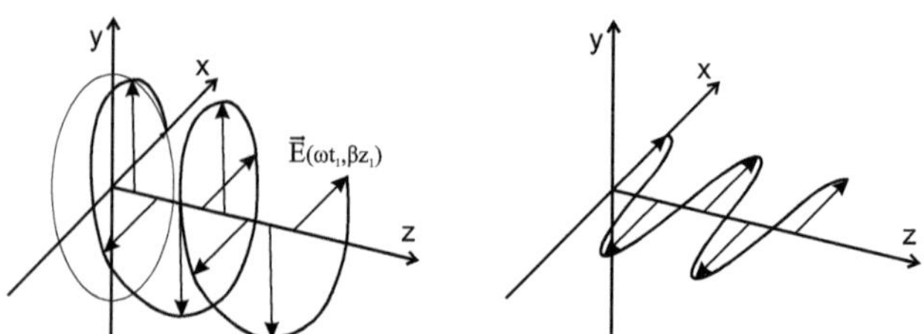

Abbildung 1.6: Rechts zirkulare (links) und lineare Polarisation (rechts).

Im Allgemeinen lassen sich elliptische Bahnen ansetzen, deren Extremfälle die linearen und zirkularen Polarisationen sind. Im homogenen, isotropen Raum entsteht eine elliptische Bahn aus der Überlagerung zweier orthogonaler Wellenfelder. Der elektrische Feldvektor ergibt sich aus zwei linear oder zirkular polarisierten, ebenen Wellenfeldern, die sich in z-Richtung ausbreiten, zu [65]:

$$\vec{E}(\omega t, z) = \begin{pmatrix} \hat{E}_x e^{j(\omega t - \beta z + \varphi_x)} \\ \hat{E}_y e^{j(\omega t - \beta z + \varphi_y)} \end{pmatrix} \begin{pmatrix} \vec{e_x} \\ \vec{e_y} \end{pmatrix} \tag{1.8}$$

$$= \frac{1}{\sqrt{2}} \begin{pmatrix} \hat{E}_L e^{j(\omega t - \beta z + \varphi_L)} + \hat{E}_R e^{j(\omega t - \beta z + \varphi_R)} \\ j\left(\hat{E}_L e^{j(\omega t - \beta z + \varphi_L)} - \hat{E}_R e^{j(\omega t - \beta z + \varphi_R)}\right) \end{pmatrix} \begin{pmatrix} \vec{e_x} \\ \vec{e_y} \end{pmatrix}. \tag{1.9}$$

ω gibt die Kreisfrequenz und β die Ausbreitungskonstante in z-Richtung an. $\varphi_{x,y}$ und $\hat{E}_{x,y}$ sind die Phasen und Amplituden der x- und y-Komponenten in linearer Polarisation und $\varphi_{L,R}$ und $\hat{E}_{L,R}$ die Phasen und Amplituden der zirkularen Komponenten. Abbildung 1.7 zeigt die Bahn einer elliptisch polarisierten Welle, sowie deren Darstellung mittels linearer (links) und zirkularer (rechts) Vektoren.

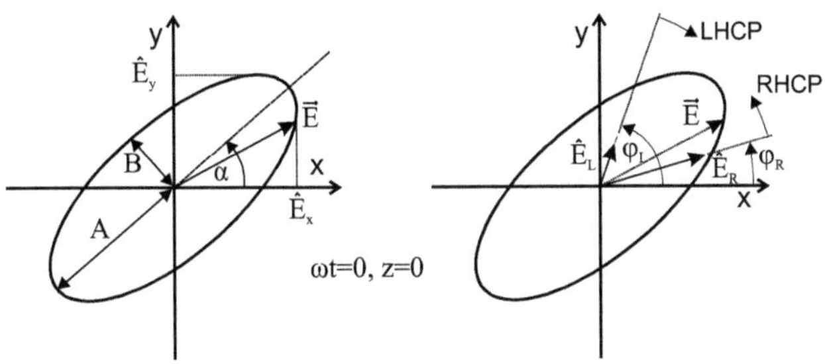

Abbildung 1.7: Elliptische Polarisation in linearer und zirkularer Darstellung.

Die zirkularen Komponenten berechnen sich aus den linearen wie folgt:

$$\hat{E}_L = \frac{1}{\sqrt{2}} \sqrt{\left(Re\{E_x\} + Im\{E_y\}\right)^2 + \left(Im\{E_x\} - Re\{E_y\}\right)^2} \tag{1.10}$$

$$\varphi_L = \arctan\left(\frac{Im\{E_x\} - Re\{E_y\}}{Re\{E_x\} + Im\{E_y\}}\right) \tag{1.11}$$

$$\hat{E}_R = \frac{1}{\sqrt{2}} \sqrt{\left(Im\{E_x\} + Re\{E_y\}\right)^2 + \left(Re\{E_x\} - Im\{E_y\}\right)^2} \tag{1.12}$$

$$\varphi_R = \arctan\left(\frac{Im\{E_x\} + Re\{E_y\}}{Re\{E_x\} - Im\{E_y\}}\right). \tag{1.13}$$

Die Hauptachsen A und B der Ellipse bestimmen sich mit $A \geq B$ zu:

$$A = \hat{E}_L + \hat{E}_R \;\; und \;\; B = \left|\hat{E}_L - \hat{E}_R\right|. \tag{1.14}$$

Die Hauptachse A der Ellipse ist für $|\hat{E}_x| \geq |\hat{E}_y|$ von der x-Achse um

$$\alpha = \frac{1}{2} arctan \left(\frac{2\hat{E}_x\hat{E}_y cos(\varphi_y - \varphi_x)}{\hat{E}_x^2 - \hat{E}_y^2} \right) \tag{1.15}$$

gedreht. Im Falle $|\hat{E}_x| < |\hat{E}_y|$ ist das Koordinatensystem um 90° zu drehen, bzw. α von der y-Achse ausgehend zu betrachten. Im Folgenden wird jedoch der Einfachheit halber das erste Beispiel weiter verfolgt. Zirkulare Polarisation liegt gemäß Gl. 1.10 bei $\varphi_y - \varphi_x = \pm\pi/2$ und $\hat{E}_x = \hat{E}_y$ mit LHCP bei positivem Vorzeichen und RHCP bei negativem Vorzeichen vor. Lineare Polarisation entsteht bei $\varphi_y - \varphi_x = 0, \pi$ im Winkel α. Ein Maß für den Grad der elliptischen Polarisation gibt das Achsenverhältnis AR (engl. *Axial Ratio*) an:

$$AR|_{dB} = 20 \cdot log \left(\frac{A}{B}\right). \tag{1.16}$$

Da im Kontext der Satellitenkommunikation von zirkularen Polarisationen ausgegangen wird, bietet sich die mathematische Beschreibung des elektrischen Feldes $\vec{E}$ mit links- und rechtsdrehenden Vektoren an. Der Hauptanteil der Leistung wird in der kopolaren Polarisation - z.B. LHCP - übertragen. Die andere zirkulare Polarisation (RHCP) entspricht dann der Kreuzpolaren. Das Achsenverhältnis eines Wellenfeldes, dessen Polarisation durch die Überlagerung von $\vec{E_L}$ und $\vec{E_R}$ gegeben ist, lässt sich gemäß Gl. 1.16 umformen in:

$$AR|_{dB} = 20 \cdot log \left(\frac{\hat{E}_L + \hat{E}_R}{\left|\hat{E}_L - \hat{E}_R\right|} \right). \tag{1.17}$$

1.3.2 Achsenverhältnis eines Gruppenstrahlers

Bei identischer Anordnung und identischen Einzelstrahlern wirkt sich der Arrayfaktor auf beide zirkularen Felder gleich aus. Nicht nur die kopolaren Wellen, sondern auch die kreuzpolaren Wellen überlagern sich konstruktiv gemäß

Gl. 1.1 und Gl. 1.2 [66]. Das Achsenverhältnis des Gruppenstrahlers ist in diesem idealisierten Fall gleich dem der Einzelstrahler. Nach dieser Anschauung sind die Anforderungen bzgl. des Achsenverhältnisses im Antennenverbund folglich an den Einzelstrahler gerichtet.

In der Realität ist das Achsenverhältnis der Einzelstrahler jedoch nicht identisch. Als wesentliche Ursache dafür sind Herstellungstoleranzen, Verkopplungen der Einzelstrahler untereinander und Randeffekte des finiten Arrays zu nennen. Bei verkoppelten Einzelstrahlern werden meist Koppelkoeffizienten eingeführt, welche die Wechselwirkung der ko- und kreuzpolaren Komponenten eines Einzelstrahlers mit denen aller anderen beschreiben [67]. Je nach Grad und Art der Verkopplung hängen die Koppelkoeffizienten nichtlinear von der Ausbreitungsrichtung ab und müssen zudem für mehrere Moden betrachtet werden [68]. Sind diese Koeffizienten bestimmt, kann das Array mit der inversen Koppelmatrix kalibriert werden, was einer Entkopplung gleichkommt.

Das Achsenverhältnis des Arrays kann durch eine sogenannte sequentiell rotierte Anordnung der Antennenelemente verbessert werden [69, 70]. Hierbei werden die Antennenelemente zueinander verdreht im Array angeordnet. Das Prinzip der sequentiellen Rotation macht sich zu Nutze, dass sich eine Verdrehung des Elementes um die Ausbreitungsachse des Strahlungsfeldes gegenläufig auf die ko- und kreuzpolaren Komponenten auswirkt. Eine beaufschlagte Phasendrehung im Sinne einer Kalibrierung oder Schwenkung der Antennenkeule hingegen wirkt sich immer gleich auf Ko- und Kreuzpolare aus. So führt eine konstruktive Überlagerung der kopolaren Feldvektoren bei gleich orientierter Anordnung der Elemente immer auch zu einer konstruktiven Überlagerung der kreuzpolaren Feldvektoren. Bei einer rotierten Anordnung hingegen wird ein Antennenelement um $\varphi_{rot,L}$ in LHCP Drehrichtung verdreht. Die LHCP-Komponente am LHCP-Ausgang (die Kopolare) erfährt so eine Phasendrehung um $-\varphi_{rot,L}$ während die RHCP-Komponente am LHCP-Ausgang (die Kreuzpolare) um $+\varphi_{rot,L}$ in der Phase gedreht wird. Für eine konstruktive Überlagerung in einer gewünschten Hauptstrahlrichtung werden die Winkel der kopolaren Vektoren aller Einzelstrahler relativ zueinander angeglichen. Somit entspricht $-\varphi_L + \varphi_{rot,L}$ dem Kalibrierwinkel bei LHCP als Kopolare, um welchen der komplexe Gewichtungskoeffizient $I_{m,n}$ in Gl. 1.2 des Einzelstrahlers korrigiert werden muss. Die Kreuzpolare mit der Phase φ_R erfährt eine Phasendrehung um $\varphi_{rot,L} - \varphi_L + \varphi_{rot,L}$ und wird so um den doppelten Drehwinkel der rotierten Anordnung geschoben. Dieser doppelte Drehwinkel sorgt bei einer Rotation von 90° für die destruktive Überlagerung in der Kreuzpolaren. Dieser Effekt ist allerdings in Elevation und Azimut richtungsabhängig und resultiert in einem Anstieg der Kreuzpolaren abseits der Hauptstrahlrichtung [71]. Abb. 1.8 veranschaulicht die erklärten Zusammenhänge.

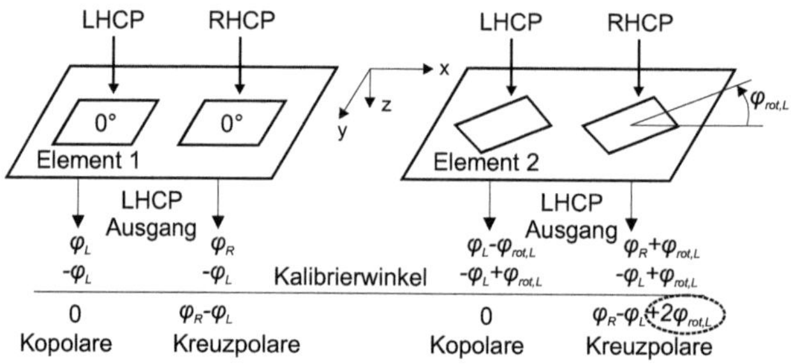

Abbildung 1.8: Kreuzpolare Unterdrückung durch rotierte Anordnung der Elemente im Array.

In Satellitenverbindungen für VSAT-Anwendungen werden Unterdrückungen der Kreuzpolaren zwischen 20-30 dB vorausgesetzt [72]. In der gleichen Größenordnung liegen auch die Depolarisationseffekte von Regen und Eis in der Troposphäre [73], welche die Polarisationsreinheit einer Satellitenverbindung einschränken. Eine Unterdrückung von 20-30 dB kann demnach als charakteristisches Richtmaß mobiler Satellitenterminals entsprechend einem Achsenverhältnis von 1,7-0,5 dB in Hauptstrahlrichtung gefordert werden.

1.3.3 Antennenspeisung

Eine Trennung der einfallenden Welle in ihre polarisierten Feldanteile geschieht in dem Antennenelement. Findet eine Separation nach orthogonalen Polarisationen dort nicht mit hoher Trennschärfe statt, sind die Übertragungsbandbreiten aufgrund des niedrigen Signal-Stör-Abstands beschränkt - das Antennenmodul verliert an Dynamik. Wie in Kapitel 1.3.1 erläutert, sind zur Realisierung von Polarisationsmultiplex zwei orthogonale Moden erforderlich. Bei Antennen ist hier eine Betrachtung in linear polarisierten Moden anschaulicher, da bei den meisten Aperturstrahlern ein transversal elektromagnetisches Feld mit linearer Polarisation angeregt wird. Nur wenige Antennentypen verfügen über eine direkte Anregung zirkularer Wellen, wie z.B. Wendelantennen oder Spiralantennen [74]. Diese eignen sich in ihrem Aufbau jedoch nicht für Polarisationsmultiplex, da sich die jeweils orthogonale Polarisation nicht anordnen lässt.

Als Antennentyp eignen sich Strahler mit Aperturflächen kleiner $\lambda^2/4$. Zum einen lässt sich so der Antennenabstand nach Gl. 1.3 wahren, zum anderen bedingt der in Tab. 1.1 geforderte große Schwenkbereich des Antennenarrays einen niedrigen Gewinn des Einzelstrahlers, welcher mit einer kleinen Apertur einhergeht. Auch hängen Verkopplungen von dem Abstand der Einzelstrahler ab und reduzieren sich mit kleineren Aperturen. Zusammen mit einem mehrlagigen Materialsystem (z.B. LTCC oder organische Materialien), welches sich für die Integration von MMICs, Steckern und anderen passiven Elementen eignet, bieten sich Antennen in Mikrostreifenleitertechnik (engl. *patch*) an [19]. Alternativen sind z.B. substratintegrierte Wellenleiter [75] oder Vivaldi-Antennen [76], die sich gegenüber den Mikrostreifenantennen in ihrem Architekturansatz für einen Gruppenstrahler unterscheiden.

Das Amplitudenverhältnis und die relative Phase zwischen den linearen Moden bestimmen das Achsenverhältnis der elliptischen Polarisation. Die Überlagerung der linearen Moden kann dabei im Speisenetzwerk des Antennenmoduls oder bei DBF digital im Computer implementiert werden. Im Fall des Speisenetzwerks stellen 3-dB Hybride direkt an der Antenne oder bei der Zwischenfrequenz eine einfache Umsetzung der amplituden- und phasengerechten Überlagerung dar [77]. Bei der digitalen Strahlformung können die linear oder zirkular polarisierten Signale digitalisiert werden. Bei Beibehaltung der linear polarisierten Anteile muss auch bei Nutzung nur einer zirkularen Polarisation der Datenstrom beider linearen Anteile analog-digital verarbeitet werden. Zudem ist die Signalstärke der linear polarisierten Komponenten um 3 dB geringer, wodurch zunächst ein schlechterer Signal-Rausch-Abstand am A/D-Wandler vorliegt. Als Vorteil bleibt eine geringere Integrationsdichte, weil die Funktion des 3-dB Hybriden digital verwirklicht wird. Abbildung 1.9 veranschaulicht ein rechteckiges Patch, dessen linear polarisierte Moden linear oder zirkular weiterverarbeitet werden. Der erhöhte Aufwand an digitaler Signalverarbeitung zur Erfassung einer zirkularen Polarisation bei schlechterer Aussteuerung der A/D-Wandler rechtfertigt eine Implementierung eines 3-dB Hybrids.

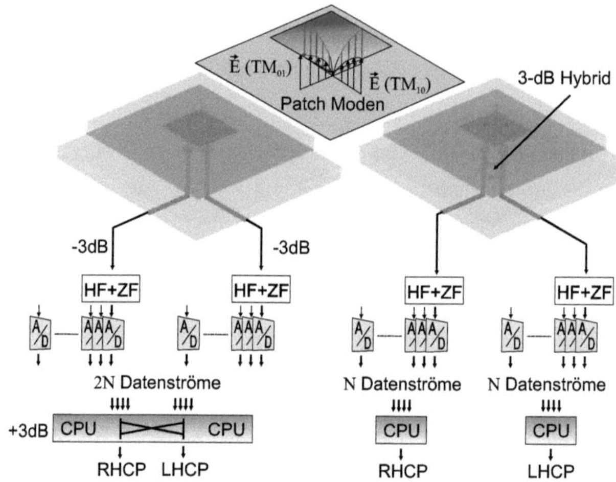

Abbildung 1.9: Speisung und digitale Verarbeitung linearer (links) und zirkularer Polarisationen (rechts).

1.4 Aufbauarchitekturen

Die Aufbauarchitektur definiert das grundlegende Konzept, nach welchem die aktiven und passiven Elemente in das Antennenmodul integriert werden. Die höchsten Integrationsdichten entstehen bei der Implementierung der Elektronik in der Hochfrequenzstufe, die zur Reduzierung von Leitungsdämpfungen unmittelbar an die Einzelstrahler angebunden ist und damit auch dem minimalen Elementabstand unterliegt. Die Zwischenfrequenzstufe kann im Gegensatz dazu sehr wohl mit Kabelanbindung dezentral und ohne die durch das Abtasttheorem bedingte Platzbeschränkung ausgelagert werden. Die Betrachtung der Aufbauarchitektur beschränkt sich daher auf die HF-Stufe. Die HF-Stufe wird auf einer Trägerplattform montiert (engl. auch *manifold* genannt), die dem Antennenmodul Schnittstellen für ein- und ausgehende Signale sowie für

Kühl- und Spannungsperipherie zur Verfügung stellen kann. Auch wenn die Abmessungen des Manifolds für eine modulare Erweiterung denselben lateralen Einschränkungen genügen müssen, ist dessen Realisierung aufgrund der niedrigeren Zwischenfrequenzen nicht von grundsätzlicher Problematik. Aufbauarchitekturen von aktiven Gruppenstrahlern im Millimeterwellenbereich lassen sich in drei unterschiedliche Ansätze unterteilen [78]:

- Hohlleiteraufbau (engl. *waveguide*),
- Ziegel-Architektur (engl. *brick*) und
- Kachel-Architektur (engl. *tile*).

Beim Hohlleiteraufbau werden die Komponenten der Reihe nach mit Flanschen miteinander verbunden. Übergänge zu koaxialen Steckverbindern ermöglichen den Einsatz eines breiten Spektrums an kommerziellen Komponenten. Mit Hohlleiterarchitekturen sind sehr gute Systemeigenschaften verbunden. Aufgrund präziser Fertigungsmöglichkeiten durch CNC- und Laser-Bearbeitung sowie Drahterodierung mit Genauigkeiten von wenigen Mikrometern sind hohe Polarisationsreinheiten, geringe Transmissionsverluste bei Übergängen und eine sehr hohe Isolation benachbarter Kanäle erreichbar. Die Integrationsdichten sind jedoch wegen der koaxialen Steckverbinder, des mechanischen Zusammenbaus und vor allem aufgrund der großen Abmessungen eingeschränkt. Die Kantenlängen eines ungefüllten Rechteck-Hohlleiters stoßen bereits bei seiner Grenzfrequenz an den maximalen Elementabstand einer halben Wellenlänge und übertreffen die Abmessungen einer in Mehrlagensubstrat realisierten Streifenleitung um ein Vielfaches. Hohlleiterarchitekturen finden aus diesen Gründen eher in Arrays Anwendung, bei welchen nicht jedes Element separat gespeist wird oder der Elementabstand einer halben Wellenlänge nicht eingehalten wird [15, 79, 80].

Ziegel-Architekturen machen sich den Raum in Ausbreitungsrichtung zu Nutze, da dieser keinen Einschränkungen aus der Arraytheorie unterliegt. Es ergibt sich ein vertikaler Aufbau, bei welchem Antennen eingesetzt werden, die längs zur Leiterplatte abstrahlen (z.B. Vivaldi-Antennen) [81]. Ziegel-Architekturen sind in Einzelelementen oder in Zeilen modularisiert. Während bei niedrigeren Frequenzen relativ hohe Bautiefen entstehen, können im Ka-Band durchaus kompakte Arrays realisiert werden. Gelangt der Elementabstand in Größenordnungen von realisierbaren Materialstärken, ermöglichen substratintegrierte Wellenleiter (SIW) einen hohlleiterähnlichen Aufbau in massenmarkttauglicher Mehrlagentechnologie [75, 82].

Kachel-Architekturen besitzen ein planares Aufbaubild, bei dem Schicht auf Schicht die Antennen, die Elektronik, die Kühlung, etc. implementiert werden. Die Antennen strahlen senkrecht zum Aufbau ab (typischerweise Patchantennen). Kachel-Architekturen weisen die geringsten Bauhöhen und dadurch auch das niedrigste Gewicht auf. Dieser kompakteste Ansatz erlaubt die Verwendung vielfältigster Materialsysteme und Verbindungs- und Integrationstechniken. Mehrlagenstrukturen in LTCC [83] oder Weichsubstraten [84, 85, 86, 87] bzw. die komplette Integration eines Gruppenstrahlers in einen MMIC [88, 89] sind in planaren Aufbauten umsetzbar. Signalübergänge und Verbindungstechniken zwischen den gestapelten Lagen stellen die größte Herausforderung bei Kachel-Architekturen dar. Insgesamt werden sehr hohe Integrationsdichten erreicht, deren Realisierung jedoch durchgehend dem limitierten Elementabstand unterliegt. In Abbildung 1.10 sind alle drei Aufbauarchitekturen skizziert.

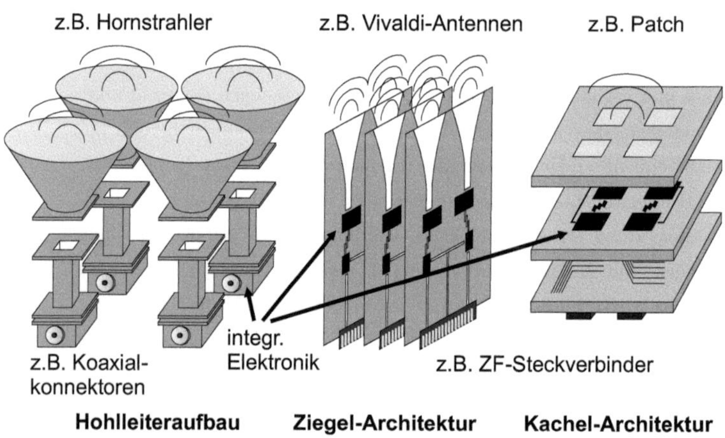

Abbildung 1.10: Aufbauarchitekturen aktiver Gruppenstrahler.

Die Ziegel- und die Kachel-Architekturen ermöglichen die höchsten Integrationsdichten. Beide Arten können auf Mehrlagensubstrate zurückgreifen, die eine kompakte Implementierung der Verteil- und Speisenetzwerke garantieren. In dieser Arbeit wird die Kachel-Architektur weiter verfolgt, die im Zusammenhang mit starr-flexiblen Substraten zum einen auf eine Vielzahl gängiger Technologien der MCM-Fertigung zurückgreifen kann, und zum anderen sich den Raum in Ausbreitungsrichtung zu Nutze macht - ähnlich der Ziegelarchitektur.

1.4.1 Generische Kachel-Architektur

Bei der Kachel-Architektur erfolgt die Unterteilung in gestapelte Schichten anhand der jeweiligen Funktion. Abbildung 1.11 zeigt eine mögliche Anordnung (links), die von oben nach unten in die einzelnen funktionellen Komponenten Antenne, Elektronik, Kühlung, Kapselung und externe Schnittstellen unterteilt ist. Die Reihenfolge der mittleren Bausteine kann variieren, folgt allerdings dem Grundgedanken, die Elektronik möglichst dicht an der Antenne zu platzieren, um Signalverluste zu reduzieren und eine effiziente Kühlung zu erzielen. Bei hohen Integrationsdichten müssen Elektronik, Kühlung und Kapselung evtl. mehrfach angesetzt und einfach oder alternierend gestapelt werden, wie ein Bsp. in Abb. 1.11 (rechts) zeigt.

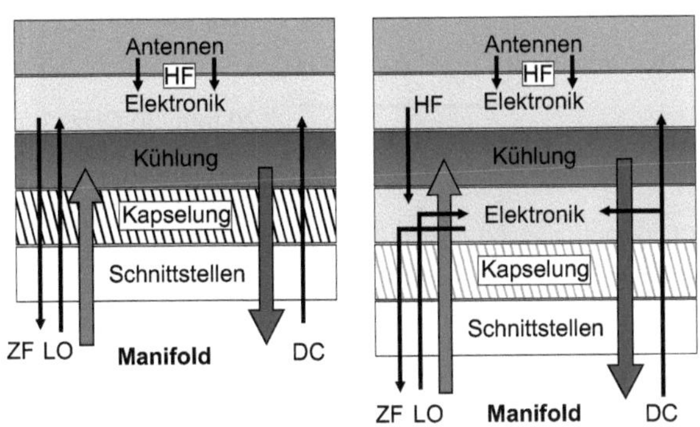

Abbildung 1.11: Generische Kachel-Architektur mit einer und mehrfachen Elektroniklagen.

Da alle Ein- und Ausgänge für ZF-Signal, Spannungsversorgung, Lokaloszillator, Kühlung, etc. nach unten gerichtet sind, hat die Reihenfolge der Komponenten entscheidenden Einfluss auf die Integrationsdichten. Jede ein- oder abgehende Schnittstelle einer Schicht erhöht die Integrationsdichte der darunter liegenden Schichten. Signalübergänge und Verbindungen zwischen zwei Schichten bedürfen daher einer kompakten Auslegung. Dieses trifft insbesondere auf die Signalübergänge im Hochfrequenzbereich zu. Darunter fallen die Schnittstellen Antenne-Elektronik und - bei mehreren Elektroniklagen - die Verbindungen zwischen diesen (z.B. Verstärker-Filter oder Filter-Mischer). Mit den Anforderungen an niedrige Transmissionsverluste, Reproduzierbarkeit, geringem Platzbedarf und einer reversiblen Verbindung sind die vertikalen HF-Übergänge daher eine Schlüsselstelle für hochintegrierte Module. Idealerweise wird die Anzahl an HF-Übergängen auf ein Minimum durch Platzierung aller Halbleiter in einer Lage reduziert. Warum dieser Ansatz allerdings nur schwer mit einer hohen Funktionalität wie Polarisationsmultiplex vereinbar ist, veranschaulicht Abbildung 1.12 durch einen Vergleich der Packungsdichten in einer Elektroniklage. Dargestellt sind 16 Empfänger bei 20 GHz (Mitte) und 16 Sender bei 30 GHz (rechts), jeweils bestehend aus einem Verstärker, einem Filter und einem Mischer [35, 37]. Verstärker und Mischer sind kommerzielle MMICs mit Abmessungen von ca. 2,3 mm x 1,3 mm (Verstärker) und ca. 1,3 mm x 1 mm (Mischer), das Spiegelfrequenzfilter befindet sich auf einem Aluminaträger der Größe 1,6 mm x 1,6 mm.

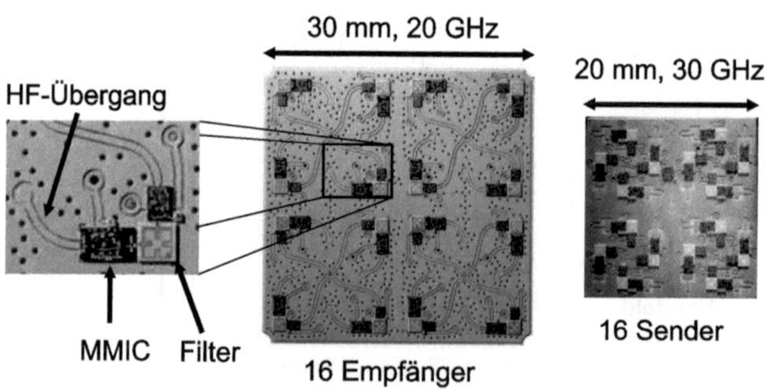

Abbildung 1.12: Packungsdichten im Ka-Band bei Nutzung einer Polarisation.

Während die Integrationsdichten bei 20 GHz und Nutzung einer Polarisation moderat ausfallen, ist eine Verdopplung der Anzahl an Sendern bei 30 GHz kaum vorstellbar. Dieses ist nicht nur auf den Platzbedarf der Halbleiter zurückzuführen. Die Übergänge zu benachbarten Schichten nehmen einen Großteil der Kontaktfläche ein. Eine Abschätzung in [28] vermutet Grenzfrequenzen der Kachel-Architektur bei Nutzung einer Polarisation von 45 GHz. Bei Verdopplung der Integrationsdichte läge die Grenze für Polarisationsmultiplex theoretisch demnach bei ca. 32 GHz. In der Praxis unterliegt der Entwurf eines aktiven Arrays allerdings vielen technologischen Randbedingungen, die nur geringere Integrationsdichten erlauben. Mindestabstände zum Rand, Restringe um Durchkontaktierungen, kleinste Leiterbahn- und Schlitzbreite, Toleranzbereiche für eine maschinelle Bestückung mit MMICs, etc. sind nur einige Beispiele.

1.4.2 Stand der Technik

Eine Übersicht der bisher realisierten aktiven Gruppenstrahler in Tab. 1.2 verdeutlicht die Schwierigkeit, hohe Integrationsdichten zu realisieren, und gibt den Stand der Technik wieder. Gruppenstrahler sind in Radar- und Kommunikationssystemen weit verbreitet. Aktive Gruppenstrahler mit einem Sender oder Empfänger je Einzelstrahler finden hingegen überwiegend bei Frequenzen bis ca. 15 GHz Anwendung. Da kritische Integrationsdichten jedoch erst bei höheren Frequenzen und zwei-dimensionalen Gruppenstrahlern auftreten, werden auch nur diese zu einem Vergleich herangezogen. Tabelle 1.2 listet realisierte Gruppenstrahler mit ihren charakteristischen Eigenschaften bzgl. der Integrationsdichte auf.

Von den aufgelisteten Systemen ist zunächst das Array bei 44 GHz (Nr. 2) hervorzuheben, welches 1995 im Auftrag der Rome Laboratory, New York, in Zusammenarbeit mit Boeing entwickelt wurde. Die sehr hohe Integrationsdichte mit ca. 0,6λ Elementabstand und einfacher Polarisation wurde durch eine skalierbare Ziegel-Architektur erreicht. Umgerechnet ergäbe sich bei Nutzung beider zirkularen Polarisationen eine vergleichbare Integrationsdichte mit einem Elementabstand von 0,5λ bei ca. 26 GHz. Dass Polarisationsmultiplex im Ka-Band in Ziegel-Architektur realisierbar ist, zeigt auch der 2008 in SANTA-

NA entstandene Entwurf mit substratintegrierten Wellenleitern bei 30 GHz (Nr. 11). Eine Untersuchung mit aktiven Bauelementen und eine Erweiterung auf größere Gruppenstrahler ist hierbei nahezu abgeschlossen [90].

Die meisten bisher umgesetzten Kachel-Architekturen bedienen sich Elementabständen größer als eine halbe Wellenlänge. Durch anwendungsspezifische Hintergründe werden dabei z.T. stark begrenzte Schwenkwinkel zugrunde gelegt. So berücksichtigt das 2008 von Lockheed Martin entwickelte Array mit 24x8 Elementen (Nr. 12) einen Schwenkbereich von $\pm3°$ bei 17 GHz, so dass aus dem geostationären Orbit hinreichend große Flächen auf der Erde ausgeleuchtet werden. Der Elementabstand beträgt dabei 3λ, erreicht bei anderen Beispielen jedoch bis zu $0{,}6\lambda$. Raytheon Systems entwickelte z.B. im Jahr 2000 in Zusammenarbeit mit dem NASA-Glenn Research Center ein dual-polarisiertes Sendearray für die Satellitenkommunikation (Nr. 5). Die mit 256 Elementen ausgestatte Antenne nutzt MMICs und anwendungsspezifisch integrierte Schaltungen (engl. *ASIC*), welche in Flip-Chip- und Ball-Grid Array-Technologien auf ein Mehrlagensubstrat aufgebracht werden. Der mit $0{,}6175\lambda$ angegebene Elementabstand reizt den angesetzten Schwenkbereich von 42° bei 19 GHz bereits aus. Eine Adaptierung des gesamten Konzeptes auf deutliche höhere Frequenzen erscheint nur eingeschränkt möglich.

Auch wenn Tabelle 1.2 keinen Anspruch auf Vollständigkeit haben kann, zeigt die umfangreiche Recherche, dass Elementabstände von einer halben Wellenlänge im Ka-Band mit Polarisationsmultiplex in der Kachel-Architektur bisher nicht umgesetzt werden konnten. Die Herausforderung liegt dabei nicht nur in einer anwendungsspezifischen Lösung, sondern besonders in einem hinsichtlich Größe und Frequenz skalierbaren Ansatz.

Nr.	Jahr	Architektur	Frequenz	Elemente	Polarisation	Elementabstand	Referenz
1	1995	Kachel	29,6 GHz(Tx)	4x4	linear	0,8λ	[84]
2	1995	Ziegel	44 GHz(Tx)	91	RHCP	0,595λ	[91, 92]
3	1996	Kachel	20 GHz(Tx)	2x2	linear	0,7λ	[93]
4	2000	unbek.	14,25 GHz(Tx)	16x16	Dual-linear	unbek.	[94]
5	2000	Kachel	19 GHz(Tx)	256	RHCP+LHCP	0,6175λ	[95]
6	2002	unbek.	28 GHz(Rx) 31 GHz(Tx)	4x4	RHCP(Rx) LHCP(Tx)	1,2λ	[96, 97]
7	2003	unbek.	30,15 GHz(Rx) 27,9 GHz(Tx)	19	LHCP(Rx) RHCP(Tx)	0,6λ	[98]
8	2006	Hohlleiter	28 GHz(Rx) 18 GHz(Tx)	16x8	Dual-linear	2,7λ	[99]
9	2007	Kachel	20 GHz(Rx) 30 GHz(Tx)	8x8	LHCP(Rx) RHCP(Tx)	0,5λ	[35]
10	2008	Ziegel	11,73 GHz(Rx) 14,13 GHz(Tx)	24x12	Dual-linear	unbek.	[100, 101]
11	2008	Ziegel	30 GHz(passiv)	5x1	RHCP+LHCP	0,5λ	[75]
12	2008	Kachel	17,55 GHz(Rx)	24x8	LHCP	3λ	[102]

Tabelle 1.2: Integrationsdichten und Polarisationen aktiver Gruppenstrahler.

1.5 Fazit

Die in diesem Kapitel erörterten Zusammenhänge von Systemparametern, Integrationstechnologien von MMICs und Schaltungstopologien für Polarisationsmultiplex mit der Integrationsdichte erlauben bei planaren Architekturen folgende Schlüsse:

- Die Integrationsdichte ist wesentlich durch den Elementabstand geprägt, der sich aus dem erforderlichen Schwenkbereich ableitet. Große Schwenkbereiche gehen typischerweise mit kleinen Antennengewinnen einher, infolge dessen sich die Anzahl der Elemente erhöht.

- Eine hohe Anzahl an Elementen bedingt einen modularen Aufbau.

- Aufgrund der hohen Komplexität sind Möglichkeiten für Funktionstests und Austausch defekter Bauelemente zu berücksichtigen.

- Trotz steigender Integrationsdichten seitens der Halbleiterherstellung ist eine Implementierung der MMICs in einer Ebene des Moduls nicht mit Polarisationsmultiplex im Millimeterwellenbereich vereinbar. In der Konsequenz kommt Übergängen zwischen mehreren Ebenen entscheidende Bedeutung bei.

- Verbindungen zwischen Ebenen wirken sich stärker auf die Integrationsdichte aus als die Verbindungstechnik der Halbleiter auf dem Trägersubstrat.

- Zwischen den Ebenen integrierte aktive Bauelemente bedürfen einer Kapselung und Kühlung.

HF-Verbindungen zwischen Ebenen aktiver Bauelemente bilden die Schlüsselstelle für einen hochintegrierten Lösungsansatz. Hierfür bieten sich flexible Leitungen an, mit denen sich sehr reflexionsarme Verbindungen formen lassen. Als flexibles Trägermaterial werden üblicherweise Polyimid-Folien verarbeitet, deren elektrische Eigenschaften jedoch aufgrund der hohen Wasseraufnahme im Hochfrequenzbereich sehr begrenzt sind. Flüssigkristalline Polymere (engl.

LCP - Liquid Crystal Polymer) hingegen zeigen hohes Potenzial für Anwendungen im Millimeterwellenbereich. Die Untersuchung von Leitungsübergängen auf LCP hinsichtlich ihrer Übertragungseigenschaften ist daher Gegenstand des nächsten Kapitels.

Kapitel 2

Flexible Leitungsübergänge auf LCP

Eine auf flexiblem Substrat aufgebrachte Streifenleitung ermöglicht eine vielseitige Signalverbindung zwischen zwei räumlich voneinander getrennten Netzwerken. In der Kachel-Architektur lassen sich so zwei planare Ebenen über an ihren Kanten angebrachte flexible Streifenleitungen ähnlich einem Kabel verbinden. Durch die geringen Materialstärken biegsamer Substrate entsteht ein sehr kompakter Leitungsübergang, der sich im Gegensatz zu einem Kabel strukturieren lässt. Weiterhin sind flexible Materialien für Mehrlagenaufbauten geeignet. Damit müssen flexible Substrate nicht extern an einer Leiterplatte angebracht werden, sondern können in einem Mehrlagenverbund gefertigt werden. In der Folge sind sehr reflexionsarme Übergänge möglich, die keinem zusätzlichen technologischen Aufwand einer Verbindungstechnik unterliegen. Als flexible Materialien werden in der Leiterplattenherstellung vermehrt Polyimidfolien eingesetzt. Die hohe Wasser-Absorptionsrate (1-3 %) von Polyimiden schränkt jedoch die Einsatzmöglichkeiten in HF-Anwendungen ein. LCP erreichte 1980 den Durchbruch als flexibles Basismaterial mit der ersten industriellen Serienproduktion. Seit 1990 zeichnet sich ein zunehmender Trend ab, LCP auch im Hochfrequenzbereich einzusetzen.

In den folgenden Abschnitten wird LCP als Trägermaterial für Streifenleitungen im Millimeterwellenbereich untersucht. Zunächst werden die elektrischen Eigenschaften von LCP sowie bisherige Forschungsergebnisse genannt.

Anschließend werden flexible Leitungsstrukturen auf einem ausgewählten LCP durch Analyse der Streuparameter charakterisiert. Eine Beurteilung flexibler Leitungsübergänge auf LCP fasst das Kapitel schließlich zusammen.

2.1 Materialeigenschaften von LCP

Flüssigkristalline Polymere werden aus einer Schmelze derart geformt, dass eine Orientierung der Polymerketten und damit eine kristalline Beschaffenheit entstehen. Die gewebeartige Ausrichtung der Polymerketten parallel zur Filmoberfläche resultiert in einer hohen Zugfestigkeit des flexiblen Laminats. LCP weist ähnlich gute Eigenschaften wie andere HF-Substrate, z.B. PTFE, Epoxy und Keramiken, auf. Tab. 2.1 listet einige ausgewählte Beispiele auf. Ein niedriger dielektrischer Verlustfaktor $\tan\delta$, eine über die Frequenz stabile Permittivität und eine geringe Absorption von Feuchtigkeit sind charakteristische Merkmale von LCP. Die Laminatstärken liegen üblicherweise im Bereich von 25 μm bis 100 μm, um eine hinreichende Biegsamkeit zu bewahren. Der niedrige Elastizitätsmodul spiegelt die Flexibilität des Materials wieder und liegt in der Größenordnung von Teflon.

Wesentlich ist jedoch außerdem die Kompatibilität von LCP mit anderen Materialien für die Erstellung eines Mehrlagenaufbaus hervorzuheben. LCP zeichnet sich durch gute Widerstandsfähigkeit gegenüber chemischen Prozessen aus [103]. Der thermische Ausbreitungskoeffizient (CTE) und der hohe Schmelzpunkt von 315°C erlauben Mehrlagenverbünde mit Epoxy, Glaskeramikgeweben, Prepregs und Bonding-Filmen [104]. Im Mehrlagenaufbau sind rein flexible, aber auch starr-flexible Verbünde möglich. Das biegsame, freiliegende LCP wird mit einer Schutzfolie (engl. *coverlay*) laminiert, die das Substrat und die darauf befindlichen Kupferstrukturen unter Biegebelastungen schützen. Seine gute Prozessierbarkeit und seine elektrischen Eigenschaften eröffnen LCP eine Vielzahl von Anwendungen. Das nahezu hermetische Verhalten, gepaart mit dem geringen Gewicht, stellt gerade für Kommunikationssysteme der Luft- und Raumfahrt eine interessante Alternative zu Keramiken dar.

Art Typ Hersteller	**LCP** Ultralam3000 Rogers-Corp.	**Glas/Keramik** RO4003c Rogers-Corp.	**FR-4** Duraver E104 Isola	**PTFE** RO5880 Rogers-Corp.	**LTCC** 943 Dupont
ϵ_r	2,9 (10 GHz)	3,38 (10 GHz)	4,6-4,9 (1 MHz)	2,2 (10 GHz)	7,4 (40 GHz)
$tan\delta$	0,0025 (10 GHz)	0,0027 (10 GHz)	0,02 (1 MHz)	0,0009 (10 GHz)	0,002 (40 GHz)
CTE x y z	17 17 $\frac{ppm}{°C}$ 150	11 14 $\frac{ppm}{°C}$ 46	17 12 $\frac{ppm}{°C}$ 70	31 48 $\frac{ppm}{°C}$ 237	6 $\frac{ppm}{°C}$
Thermische Leitfähigkeit	0,2 $\frac{W}{mK}$	0,64 $\frac{W}{mK}$	0,3 $\frac{W}{mK}$	0,2 $\frac{W}{mK}$	4,4 $\frac{W}{mK}$
Wasser-absorption	0,04%	0,06%	0,16%	0,02%	<0,1%
Elastizitäts-modul	2255 MPa	26889 MPa	18000 MPa	860-1070 MPa	150000 MPa

Tabelle 2.1: Materialparameter von LCP im Vergleich zu gängigen Mehrlagenmaterialien [104, 105, 106, 107, 108].

2.2 Bisherige Anwendungen mit LCP - Stand der Technik

Seit 1995 finden sich Untersuchungen, nicht nur Mehrlagenstrukturen basierend auf LCP herzustellen, sondern auch MMICs in bzw. auf diesen zu integrieren. In [109] werden mehrlagige Strukturen mit hermetisch integrierten MMICs und LCP als Trägermaterial diskutiert. Mit der Weiterentwicklung der Mehrlagentechnologie für LCP folgen ca. zehn Jahre später vielfältige Umsetzungen mit gekapselten Schaltungen und Antennen.

Die Kapselung von MMICs in einem mehrlagigen Aufbau ohne Trägermaterialien profitiert von der Abtragbarkeit des Polymers durch Laser. Für Kavitäten wird das Polymer mit Excimer-Lasern bis auf die Metallkaschierung abgetragen. Die MMICs werden dann platziert und mit den restlichen LCP-Lagen und Klebefilmen überlaminiert. Der Einfluss einer solchen Kapselung auf die S-Parameter eines MMICs fällt gering aus, wie beispielhafte Messungen für einen Verstärker bei 13-25 GHz zeigen [110]. Die Transmissionsverluste dieser nahezu hermetischen Kapselung liegen unter 1 dB bei einer Anpassung von ca. -15 dB im Ka-Band [111]. Die Integration eines kompletten Empfängers bei 38 GHz mit Signalanbindung auf der Unterseite und Kapselung auf der Oberseite in [112] bestätigt die Eignung von LCP für MCM-Architekturen.

Große und zugleich leichte Gruppenstrahler an konforme Oberflächen anpassen zu können, gehört zu den anvisierten Anwendungen in der Raumfahrt. Bisherige Untersuchungen zielen dabei auf die Nachweisbarkeit der grundsätzlichen Funktionalität von meist passiven Arrays auf LCP. In [113] findet sich ein erster Entwurf eines passiven Antennenarrays mit zwei Elementen für die Nutzung zweier Polarisationen bei 14 GHz und 35 GHz. Der Mehrlagenaufbau besteht aus zwei mit einem Klebefilm verbunden LCP-Lagen. Ein für Wetterradare konzipiertes 4x8 Array mit ähnlichem Aufbau untersucht [114]. Das passive Array kann mit auf der Unterseite angebrachten 2-bit-Phasenschiebern zwischen zwei statischen Phasenzuständen bei 14 GHz umgeschaltet werden. Passive Arrays bei 60 GHz mit Duplexern zur Kanalselektierung auf einem einlagigen LCP demonstrieren die Anwendbarkeit bis ins V-Band [115].

Bisherige Anwendungen gehen von verhältnismäßig großen Biegeradien im Vergleich zur verwendeten Wellenlänge aus und berücksichtigen keine flexiblen

Leitungsübergänge. In Hinblick auf einen hochintegrierten Modulaufbau ist allerdings durchaus von deutlich kleineren Biegeradien bis hin zu Knicken auszugehen. Es sind daher die Übertragungseigenschaften von HF-Strukturen auf LCP unter dem Einfluss von Biegungen zu untersuchen.

2.3 HF-Strukturen auf LCP

Als repräsentatives LCP-Material wird in dieser Arbeit ausschließlich Ultralam3000 der Firma Rogers-Corporation verwendet [104]. Dieses begründet sich im Wesentlichen durch die vom Hersteller angegebene Kompatibilität mit Glas-Keramik-Geweben für einen starr-flexiblen Mehrlagenverbund.

2.3.1 Streifenleitungen

Auf LCP sind alle gängigen Leitungsarten strukturierbar. Bei einlagigen Substraten werden Mikrostreifenleitungen (MS) und Koplanar- (CPW), bzw. Koplanarleitungen mit zusätzlicher Masselage (GCPW) eingesetzt, während mehrlagige Strukturen außerdem Streifenleitungen (SL) mit beidseitigen Masselagen erlauben.

Die Permittivitätszahl von LCP variiert kaum über der Frequenz, nicht zuletzt aufgrund der niedrigen Wasseraufnahme. Untersuchungen ergeben eine nahezu verschwindende Erhöhung der Permittivität von 0,12 % über der Frequenz [116]. Die dielektrischen Verluste erstrecken sich im Bereich von 10 GHz bis ca. 110 GHz von $\tan\delta=0{,}0025$ bis $\tan\delta=0{,}0049$ [116]. Prinzipbedingt fallen die Leitungsverluste bei CPWs geringer aus (1 dB/cm bei 110 GHz), da die Feldverteilung weniger Substrat durchsetzt [117].

Ausschließlich die elektrischen Eigenschaften betrachtend, empfehlen sich CPW-Leitungen als Leitungstyp auf außenliegenden Lagen. Hinsichtlich eines MCM-Modulaufbaus treten jedoch zwei andere Aspekte in den Vordergrund. Zum einen weist ein mehrlagiger Aufbau zwangsläufig Masselagen auf, um innenliegende Leitungen zu bilden und zu schirmen. Aufgrund des relativ dünnen

LCPs beeinflusst eine solche Masselage die Feldverteilung koplanarer Leitungen. Statt CPW-Moden treten GCPW-Moden auf. Zum anderen erfordern CPW-Leitungen breite Masseflächen zu den Seiten, die wiederum einen höheren Platzbedarf gegenüber MS-Leitungen bewirken. Die gleiche Argumentation greift bei der Wahl des Leitungstyps auf den Innenlagen. SL-Leitungen bieten hier die höchste Integrationsdichte.

Der zu realisierende Impedanzbereich der verschiedenen Leitungsarten ist begrenzt und schränkt damit auch die Möglichkeiten ein, Leitungen mit hoher Impedanz herzustellen. Limitierende Faktoren sind die Substratdicke, der Strukturierungsprozess und die Kupferdicke. Für Massenproduktion konzipierte Leiterplattentechnologie wendet Nassätzprozesse an, die Strukturbreiten von 100 μm bis minimal 50 μm möglich machen. Derzeitige Fertigungstechnologien arbeiten mit Kupferkaschierungen von üblicherweise 18 μm. Mit diesen Eckparametern und unter Annahme konstanter Permittivität lassen sich die realisierbaren Impedanzen der jeweiligen Leitungsarten in Abhängigkeit von der Substratstärke aus den analytischen Formeln berechnen [118]. Niedrige Impedanzen sind durch die maximal verfügbare Leiterbreite - und damit die Integrationsdichte - begrenzt. Hohe Impedanzen setzen minimale Strukturbreiten voraus. Abb. 2.1 gibt die maximal zu realisierende Impedanz der verschiedenen Leitungsarten in Abhängigkeit von der Laminatstärke an.

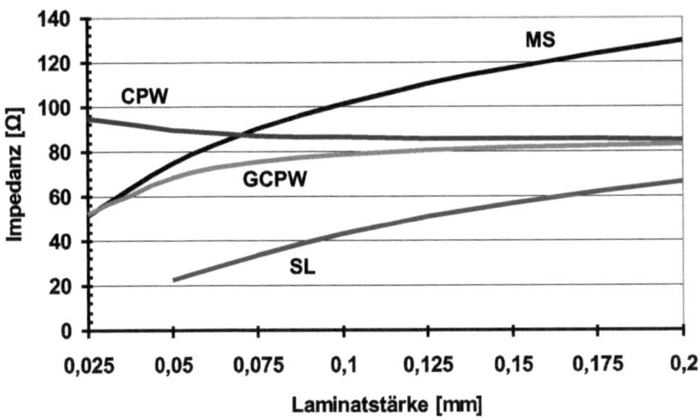

Abbildung 2.1: Maximale Impedanz verschiedener Leitungsarten auf LCP bei einer minimalen Strukturbreite von 50 μm.

Als Laminat wurde Ultralam3000 bei 20 GHz zugrunde gelegt. Als minimale Strukturbreite sind 50 μm für Leiter- und Schlitzbreite angesetzt. Die Koplanarleitung weist bei geringen Laminatstärken die höchste Impedanz auf. Bei MS- und GCPW-Leitungen sind Laminatstärken von mindestens 100 μm erforderlich, um eine Impedanz von 100 Ω bzw. 80 Ω noch realisieren zu können. Streifenleitungen hingegen fallen aufgrund ihres hohen kapazitiven Anteils durch die beidseitigen Masselagen niederohmiger aus. Eine Impedanz von 50 Ω lässt sich erst mit zwei Laminaten mit je 62 μm Dicke erreichen.

In Abb. 2.2 wird die Leiterbreite gegenüber der Laminatstärke bei einer Impedanz von 50 Ω betrachtet. Auch hier wurde eine minimale Strukturbreite und Schlitzbreite von 50 μm angenommen.

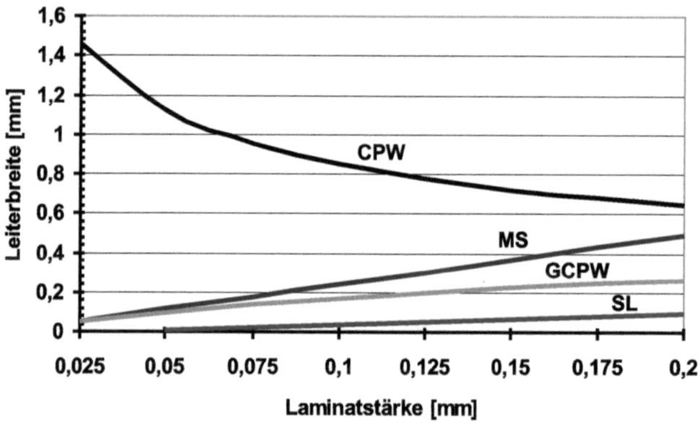

Abbildung 2.2: 50 Ω-Leiterbreite in Abhängigkeit der Laminatstärke bei einer minimalen Strukturbreite von 50 μm.

Dabei wird klar ersichtlich, dass sich CPW-Leitungen in ihrem Platzbedarf deutlich von den anderen abheben und mit hohen Integrationsdichten nicht vereinbar sind. Dabei wurde sogar die Ausdehnung der Masseflächen von Koplanarleitungen vernachlässigt. SL-Leitungen sind bei dünnen Laminaten - und damit bei hochflexiblen Anwendungen - aufgrund der geringen Leiterbreite technologisch nicht handhabbar. Lediglich Mikrostreifen- und GCPW-Leitungen erfüllen die technologischen Randbedingungen bei gleichzeitig niedriger Leiterbreite. Die GCPW-Leitung wird bei geringen Laminatstärken allerdings nahezu in ihrer Mikrostreifenleitungsmode betrieben, weshalb sich dort ihre Charakteristik dem Verlauf von MS annähert. Auch hier wurde jedoch die Ausdehnung der Masseflächen bei GCPW-Leitungen nicht berücksichtigt. Zusammenfassend lässt sich festhalten, dass sich Mikrostreifenleitungen für die äußeren Lagen eines LCP-Laminats anbieten. Mit ihnen lassen sich auch hohe Leitungswiderstände für Koppler- und Filterstrukturen umsetzen. Für Innenlagen wird man bei einer Impedanz von 50 Ω mangels Alternativen auf Streifenleitungen zurückgreifen müssen. Der mehrlagige Aufbau bei Streifenleitungen bleibt wegen der erforderlichen Substratstärke zur Erlangung realisierbarer Strukturbreiten jedoch weniger biegsam.

2.3.2 Einfluss der Schutzfolie

Die außen liegenden Leitungen werden bei flexiblen Leitungen mit einer Schutzfolie versehen. Sie vermindert die Flexibilität des LCPs, erhöht jedoch die mechanische Belastbarkeit der Kupferstrukturen und isoliert zugleich die Leitungen elektrisch. Schutzfolien bestehen aus einem 13-127 μm starken Polyimidfilm, der auf einer Seite mit einer 13-76 μm dicken Schicht Acrylklebstoff überzogen ist. Bisher wurde der Einfluss dieses Dielektrikums auf Streifenleitungen nicht erfasst. Die Permittivität der hier eingesetzten Folie vom Typ Pyralux FR-7013 [119] beträgt laut Hersteller 3,5 bei 1 MHz. Auf eine Bestimmung der elektrischen Eigenschaften der Schutzfolie im Ka-Band wird an dieser Stelle aufgrund der Vielzahl unterschiedlicher Folien verzichtet.

Durch die Folie wird die elektromagnetische Feldverteilung einer Mikrostreifenleitung beeinflusst. Dies wurde mit einem Vollwellensimulationsprogramm untersucht. Abb. 2.3 zeigt die mit CST Microwave Studio [120] simulierte Änderung der effektiven Permittivität in Abhängigkeit der Folienstärke. $\epsilon_{r,eff}$ und $\epsilon'_{r,eff}$ entsprechen den effektiven Permittivitäten der simulierten Mikrostreifenleitung ohne und mit Schutzfolie. Die Leiterbreite ergibt eine Impedanz von 50 Ω bei den jeweiligen LCP-Stärken ohne Schutzfolie. Die elektrischen Eigenschaften sind gemäß den Herstellerangaben als über der Frequenz konstant angenommen.

Mit zunehmender Folienstärke erhöht sich der kapazitive Leitungsbelag und führt zu geringeren Impedanzen bei steigender effektiver Dielektrizitätskonstante. Dieser Effekt tritt mit wachsenden LCP-Stärken schwächer in Erschei-

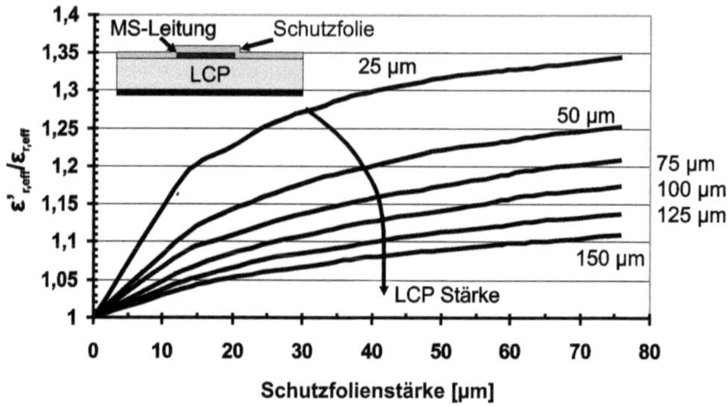

Abbildung 2.3: Einfluss der Schutzfolie auf die effektive Permittivität.

nung. Im Beispiel eines dünnen 25 μm LCP Laminats steigt die effektive Permittivität einer 50 Ω Leitung von $\epsilon_{r,eff} = 2,2$ auf $\epsilon'_{r,eff} = 2,84$ bei Verwendung einer 38 μm dicken Folie. Im Falle eines 100 μm starken LCP Substrats steigt $\epsilon_{r,eff}$ von 2,4 auf 2,7. Es liegt somit eine geringe Verstimmung der Impedanz vor, die bei dickeren Laminaten geringer ausgeprägt ist.

Die Verminderung der Leitungsimpedanz wirkt sich auf Strukturen mit definierter elektrischer Länge maßgeblich aus. Dieses soll am Beispiel eines Bandpassfilters verdeutlicht werden. Ein Filter mit gekoppelten Leitungen wird unter Annahme der für niedrige Frequenzen bekannten Dielektrizitätskonstante für eine Mittenfrequenz von 20 GHz ausgelegt. Die Laminatstärken betragen 0,1 mm für LCP und 0,038 mm für die Schutzfolie. Die Abmessungen des Filters finden sich im Anhang in Abb. A.2. Das Filter wird mit einer Messobjektaufnahme für Streifenleitungen durch einen Netzwerkanalysator charakterisiert. Abbildung 2.4 zeigt die Ergebnisse von Simulation und Messung. Ohne Schutzfolie verschiebt sich der charakteristische Verlauf der S-Parameter in der Messung um 1,1 GHz und in der Simulation um 1,14 GHz hin zu höheren Frequenzen.

Aus dem Quadrat des Verhältnisses der Mittenfrequenzen 21 GHz und 19,9 GHz bei der Messung, bzw. 21,3 GHz und 20,16 GHz bei der Simulation berechnet sich der Faktor $\epsilon'_{r,eff}/\epsilon_{r,eff}$ zu 1,1 (Messung) bzw. 1,14 (Simulation), um welchen sich die effektive Permittivität der Mikrostreifenleitung durch die Schutz-

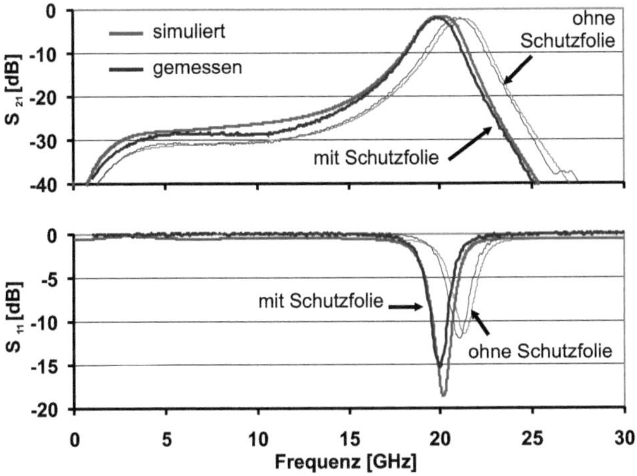

Abbildung 2.4: Simulation und Messung eines Filters mit und ohne Schutzfolie.

folie erhöht. Dieses steht in guter Übereinstimmung zu den in Abb. 2.3 festgestellten Werten. Im Umkehrschluss bedeutet dieses, dass sich der Einfluss der Schutzfolie trotz nicht exakt bekannter elektrischer Eigenschaften in einem Rahmen vorhersagen lässt, der eine Auslegung auch resonanter Strukturen ermöglicht. So tritt im Falle des Bandpassfilters eine Frequenzverschiebung von ca. 5% auf.

2.3.3 Einfluss von Biegungen auf die S-Parameter

Ein flexibles Substrat eröffnet vielfältige Möglichkeiten neuer Architekturansätze. Allerdings muss in Betracht gezogen werden, dass sich die elektrischen Eigenschaften eines mit Kupfer kaschierten Substrats unter Verformung ändern kann. Eine Änderung der Materialeigenschaften durch Stauchung oder Dehnung ist ebenso denkbar wie parasitäre Streufelder im Biegebereich von Streifenleitungen. Für planare Knicke bei Mikrostreifenleitungen werden z.B. Fasen an den Kanten (engl. *chamfer*) angewendet, um den kapazitiven Anteil des parasitären Streufeldes zu kompensieren [121].

Die Untersuchung passiver Hochfrequenzstrukturen kann meist auf ein vereinfachtes Ersatzschaltbild zurückgeführt werden. Filter, Koppler, Antennen oder z.B. Leistungsteiler lassen sich in einzelne Leitungsabschnitte zerlegen. Folglich genügt in einem ersten Ansatz die Beschreibung der Einflüsse von Biegungen auf die Übertragungseigenschaften der unterschiedlichen Leitungsarten. Hierfür werden die Streuparameter herangezogen. Die Analyse erfolgt mit der Simulationssoftware CST Microwave Studio [120]. Auch in den Simulationen wird eine konstante Permittivität bei Biegungen angenommen. Wie sich die Permittivität bei Materialstauchung oder -streckung verhält, kann in der Vollwellenanalyse nicht simuliert werden. Die Permittivität muss demnach als bekannt vorausgesetzt werden. Kupferverluste werden in der Simulation nicht mit einbezogen, da nur der Einfluss der Biegung auf die Rückflussdämpfung sichtbar werden soll. Die Simulation beschränkt sich deshalb auf Einflüsse parasitärer Streufelder.

Biegungen bei Mikrostreifenleitungen

Abb. 2.5 zeigt die Simulation einer an 50 Ω angepassten Mikrostreifenleitung der Breite 240 μm auf 0,1 mm Ultralam 3000 [122, 123]. Die ungebogene Leitung weist eine Rückflussdämpfung von mehr als 50 dB auf. Die Biegung erfolgt nun quer zur Ausbreitungsrichtung der Leitung.

Ein 90°-Leitungsknick, welcher den Extremfall kleinster Biegeradien repräsentiert, bewirkt eine Verringerung der Rückflussdämpfung auf 26 dB bei 70 GHz. Die Einfügedämpfung steigt dabei um maximal 0,02 dB an. Bezüglich der Phase kann ohne Kenntnis der genauen Materialdeformation keine sinnvolle Auswertung stattfinden, da die Längenänderungen des Substrats und der Kupferkaschierung durch Streckung bzw. Stauchung auf der Innen- und Außenseite der Biegung nicht bekannt sind. In dem Simulationsmodell sind die Längenänderungen über die Lage der Biegenulllinie bestimmt. Der sich zeigende Phasenversatz steckt demnach bereits in der angenommenen Biegenulllinie und führt zu keinen neuen Erkenntnissen. Eine Aussage über Phasenänderungen kann nur den Messungen entnommen werden.

Werden Biegeradien zwischen den Extremen einer geknickten und ungebogenen Leitung angewendet, variieren die S-Parameter innerhalb der in Abb. 2.5

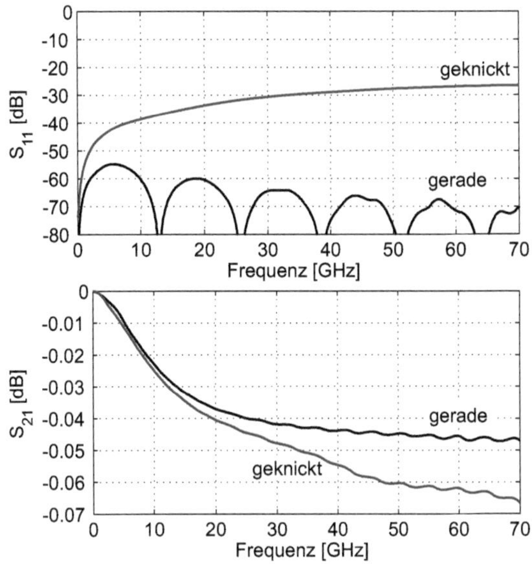

Abbildung 2.5: Simulation des Biegeeinflusses einer Mikrostreifenleitung [122].

aufgedeckten Grenzen. Die Rückflussdämpfung ist bis Biegeradien von 0,5 mm als geknickt anzusehen, wie Abb. 2.6 verdeutlicht.

Die Messung der Biegeeinflüsse erfordert eine hohe Kalibriergenauigkeit und Reproduzierbarkeit, da das Messobjekt der Messvorrichtung entnommen und gebogen werden muss. Eine Verwendung eines eigens hergestellten Kalibrierstandards mit Mikrostreifenleitungen bei Nutzung von koplanaren Messspitzen bringt hier höchste Genauigkeiten bis 70 GHz. Abb. 2.7 veranschaulicht den Messaufbau einer zweifach gebogenen Mikrostreifenleitung. Zur Kontaktierung der Messspitzen befindet sich auf dem Substrat ein Übergang von koplanaren Leitungen zur Mikrostreifenleitung. Gemessen wurde mit dem vektoriellen Netzwerkanalysator Typ PNA-8361A der Firma Agilent. Die in Abb. 2.8 gemessenen Rückflussdämpfungen einer gebogenen und ungebogenen Leitung lassen eine Differenzierung der Biegeeinflüsse nicht zu, da die Reflexionen der ungebogenen Leitung nicht hinreichend heraus kalibriert werden konnten.

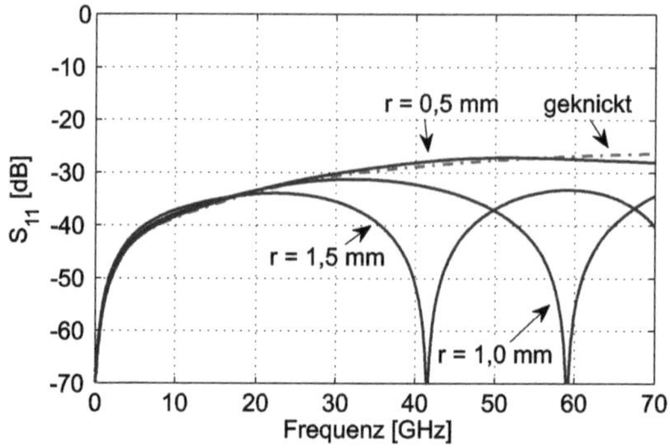

Abbildung 2.6: Simulation des Biegeeinflusses einer Mikrostreifenleitung [122].

Dennoch lässt sich schlussfolgern, dass auch nach einer knickähnlichen Biegung eine reflexionsarme Anpassung besser als 20 dB vorliegt.

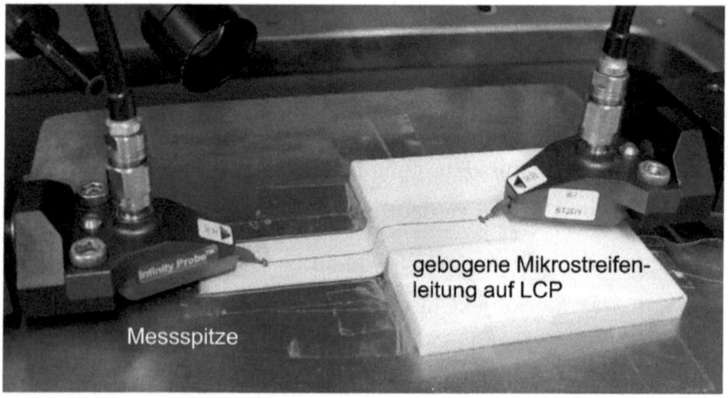

Abbildung 2.7: Messaufbau einer gebogenen MS-Leitung auf LCP [122].

Zur Bestimmung der Phasenänderung werden ungebogene und gebogene MS-Leitungen mehrmals mit erneutem Ansetzen der Messspitzen gemessen. Dieses ist notwendig, um den Biegeeinfluss relativ zur Reproduzierbarkeit der Messungen bewerten zu können. Abb. 2.9 zeigt die Phasenänderung einer gebogenen gegenüber einer geraden Leitung. Beide Leitungen wurden mehrmals gemessen und die Phasenänderung auf die erste Messung der geraden Leitung bezogen. Es lassen sich durch das Biegen Phasenänderungen von bis zu 3° erkennen,

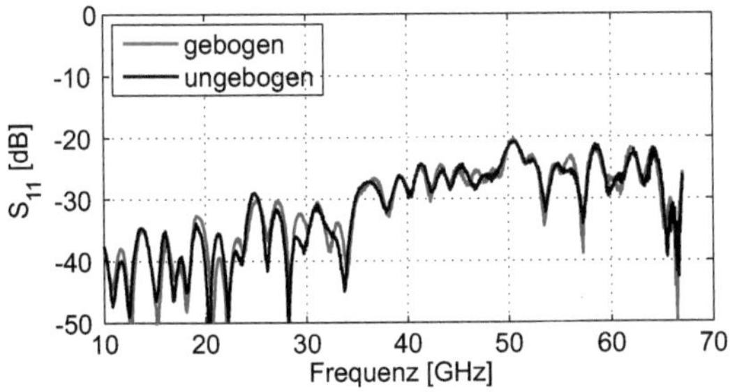

Abbildung 2.8: Vergleich ungebogene und gebogene MS-Leitung [122].

die allerdings innerhalb der Wiederholgenauigkeit der Messungen liegen. Auch hieraus lässt sich kein absolutes Maß des Biegeeinflusses angeben. Allerdings wird auch bewiesen, dass sich der Einfluss einer Biegung bis 70 GHz auf wenige Grad beschränkt und somit für bloße Verbindungsleitungen in den meisten Anwendungen irrelevant bleibt.

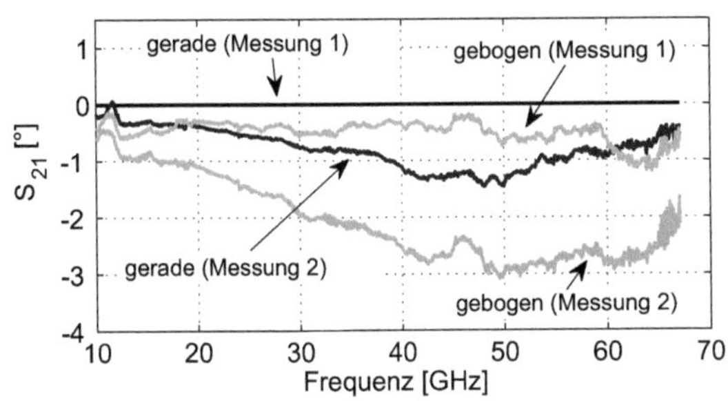

Abbildung 2.9: Vergleich ungebogene und gebogene MS-Leitung [122].

Resonante Strukturen

Ändern sich Leitungsabschnitte resonanter Strukturen in ihrer Länge, ist eine gravierendere Verstimmung des Übertragungsverhalten zu erwarten.

Eine Verlängerung einer Leitung kann durch Streckung der Biegeaußenseite, eine Verkürzung einer Leitung durch Stauchung der Biegeinnenseite auftreten. Das Maß der Längenänderung hängt zudem von der mechanischen Beschaffenheit des Substrats ab. Längenänderungen wirken sich besonders bei höheren Frequenzen aus, weil der Quotient aus Längenänderung und Wellenlänge anwächst. Zur Evaluierung der mechanischen Verformung wird ein einfaches Filter mit gekoppelten $\lambda/4$-Leitungen und Anpassnetzwerk mit Stichleitungen gemäß Abb. 2.10 verwendet. In Abb. 2.11 werden abermals die Messungen des ungebogenen und des gebogenen Falls miteinander verglichen. Die Biegelinie liegt dabei in der Mitte der gekoppelten Leitungen quer zu diesen (siehe Abb. 2.10).

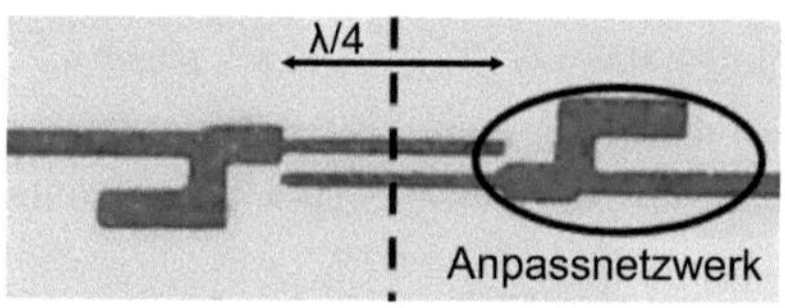

Abbildung 2.10: Bandpassfilter auf 0,1 mm Ultralam3000. Der gekoppelte Leitungsabschnitt beträgt 2,43 mm in der Länge bei einer Leiterbreite von 135 μm und einem Leiterabstand von 225 μm.

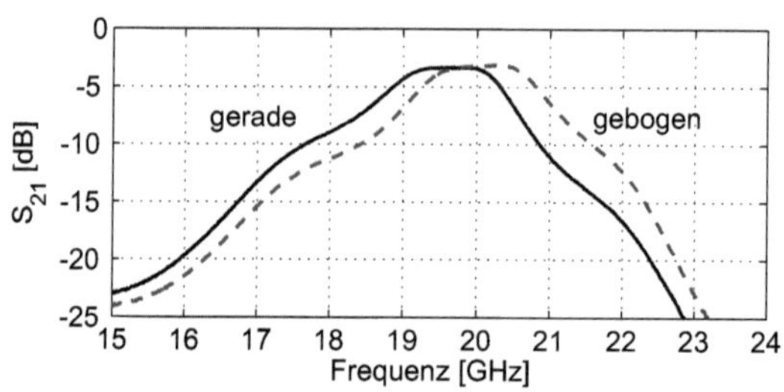

Abbildung 2.11: Vergleich ungebogenes und gebogenes Filter, innenliegend gebogen [122].

Das Durchlassband ist in der Mittenfrequenz um 450 MHz versetzt. Dieses entspricht einer Verkürzung der Koppellänge um 55 μm oder 2,25 % der Viertelwellenlänge bei 20 GHz und einer effektiven Permittivität von $\epsilon_{r,eff}$=2,3.

Eine entsprechende Messung für ein außen liegend gebogenes Filter weist eine Verlängerung um 45 μm auf. Ist der Grad der Verformung vorher bestimmt, kann eine solche Frequenzverschiebung im Design entsprechend kompensiert werden.

2.4 Fazit

Die in diesem Kapitel angestellten Untersuchungen lassen einen klaren Schluss zu. LCP verfügt über elektrische Eigenschaften, mit denen sich reflexions- und verlustarme HF-Strukturen verwirklichen lassen. Die Mikrostreifenleitung verfügt über den breitesten Einsatzbereich bei verhältnismäßig hoher Integrationsfähigkeit. Zwecks besserer Herstellbarkeit sind dickere Substrate zu erwägen. Der Einfluss von Biegungen fällt so gering aus, dass sowohl in der Anpassung, als auch in der Transmission die Eigenschaften von Leitungen nahezu unbeeinflusst bleiben. Allerdings kann eine Änderung der Leitungslängen durch Stauchung und Streckung auftreten. Resonante Strukturen sind daher nur bedingt zum Biegen im Ka-Band und darüber hinaus geeignet. Der Einfluss der Schutzfolie kann vor allem bei resonanten Strukturen nicht vernachlässigt werden. Geschirmte Streifenleitungen bleiben unbeeinflusst von einer Schutzfolie. Jedoch bedingt der Mehrlagenaufbau eine aufwendigere Herstellung und wenig flexible, dickere Laminate. Als ersten Ansatz für einen flexiblen Leitungsübergang zwischen unterschiedlichen Schaltungsebenen dient daher in dieser Arbeit die einlagige, gebogene Mikrostreifenleitung. Dieser flexible Übergang ist das Kernelement für die Realisierung hoher Integrationsdichten einer starrflexiblen Architektur.

Kapitel 3

Starr-flexibler Mehrlagenverbund

Der geringe Einfluss von Biegungen auf Streifenleitungen ermöglicht vollkommen neue Aufbaukonzepte für Antennenarchitekturen. Streifenleitungen im Allgemeinen lassen sich dreidimensional führen und eröffnen damit der Architektur vielfältigere Signalübergänge zwischen Netzwerken im Millimeterwellenbereich. In diesem Kapitel wird ein starr-flexibler Mehrlagenverbund für sehr hohe Integrationsdichten vorgestellt. Eine vollständig auf flexiblem Substrat basierende Architektur wäre ebenso denkbar und käme gerade konformen Antennen entgegen, bietet allerdings empfindlichen Komponenten wie MMICs und Bonddrähten nicht genügende mechanische Stabilität. Auch wurden die Schwierigkeiten dünner Streifenleitungen und reduzierter Elastizität eines mehrlagigen LCP-Substrats angesprochen. Aus diesen Gründen kommt ein kombinierter Aufbau in Betracht, dessen starre Bereiche aus einem Verbund von LCP mit einem steifen HF-Substrat und dessen flexible Bereiche aus reinem LCP bestehen. Auf dem starren Substratverbund befinden sich die aktiven Bauelemente sowie die Stecker und Antennenelemente. Die flexiblen Übergänge dienen als Signalverbindung zwischen den Ebenen und unterteilen das Antennenmodul in mehrere Segmente.

In wieviele Segmente unterteilt wird und welche Funktion ihnen anhaftet, richtet sich nach dem Schaltungskonzept gemäß Abb. 1.2. Dabei ist maßgeblich, eine verlustarme Anbindung der Verstärker an die Antennenelemente zu berücksichtigen. Im Falle eines Empfängers wirken sich Verluste direkt auf die Gesamtrauschzahl aus, während beim Sender Verluste proportional zur Elementanzahl das *EIRP* reduzieren. In der Konsequenz sind im Idealfall die Verstärker und Antennen auf beiden Seiten eines starren Segmentes unterzubringen. Die Frequenzumsetzung auf die Zwischenfrequenz lässt sich auf einem separaten Segment anordnen, da sie ein eigenes Verteilernetzwerk für den Lokaloszillator und zudem eine Schnittstelle zu den Signalausgängen beansprucht. Spiegelfrequenzfilter sind auf beiden starren Segmenten denkbar, sofern es die Integrationsdichten zulassen. Eine hochintegrierte Umsetzung besteht jedoch in der Implementierung der Filter auf dem flexiblen LCP zwischen den starren Segmenten. Allerdings ist der diskutierte Einfluss einer Biegung auf resonante Strukturen zu berücksichtigen. Abb. 3.1 veranschaulicht den Grundaufbau der soeben skizzierten Architektur im ungefalteten Zustand während der Herstellung und im späteren, gefalteten Zustand.

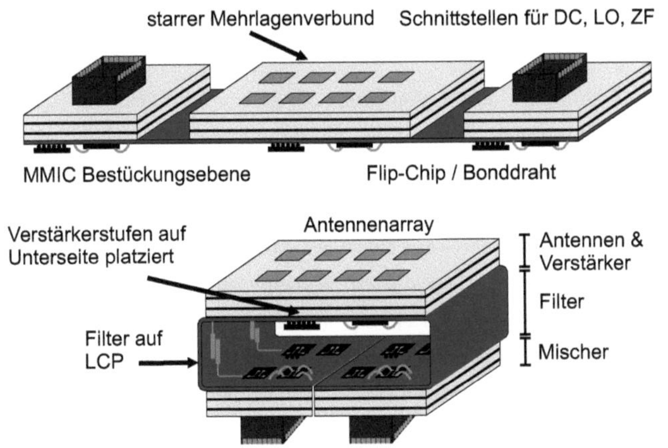

Abbildung 3.1: Bestückung mit MMICs im ungefalteten Zustand (oben) und gefaltete, starr-flexible Architektur (unten).

Die MMICs werden bevorzugt ausschließlich auf einer Seite des Leiterverbunds platziert, wodurch sich der Bestückungsprozess erheblich vereinfacht. Außerdem liegen dann die hochfrequenten Schaltungselemente - dies sind Verstärker, Filter und Mischer - in einer Lage, so dass sich deren Auslegung und die Testschnittstellen der aktiven Bauelemente effizient in Mikrostreifentechnologie vornehmen lassen. Gerade diese Tatsache stellt einen wichtigen Aspekt für einen reproduzierbaren, synthetisierbaren und stabilen Betrieb dar. Die Mikrostreifentechnologie ist in der Schaltungsanalyse sehr fortgeschritten und kann größtenteils auf analytische Leitungsmodelle zurückgreifen. Der Schaltungsentwurf kann so mit sehr guter Zuverlässigkeit erfolgen. Die Art der Verbindungstechnik der Halbleiter ist bei diesem Architekturansatz nicht eingeschränkt. Der Einsatz von Flip-Chip wie auch Bonddrähten ist denkbar. Auf den Mehrlagenaufbau wird im folgenden Abschnitt näher eingegangen. Daran schließt sich die Auslegung und Untersuchung des Einzelstrahlers für Polarisationsmultiplex. Die in der Abbildung nicht gezeigte thermische Kühllösung und Kapselung sind Gegenstand der Abschnitte 3.3 und 3.4. Danach folgt abschließend die Diskussion der Skalierbarkeit für große Antennenarrays.

3.1 Diskussion des Mehrlagenaufbaus

Der Mehrlagenaufbau knüpft an die Festlegung der starren und flexiblen Bereiche auf ihre Funktion innerhalb der Schaltungstopologie an. Entscheidend dabei ist, dass sich die Wahl der Substrate sowie der Lagenstärken auf alle starren Bereiche auswirkt. Dieses hängt herstellungsbedingt mit der Fertigung der starr-flexiblen Leiterplatte aus einem Substratstapel zusammen. Die Anforderungen der unterschiedlichen starren Segmente an den Lagenaufbau werden demnach entsprechend ihrer Relevanz umgesetzt. So kann eine dicke Substratlage für Antennen auf dem einen starren Bereich vorteilhaft, aber für ein Verteilernetzwerk auf einem anderen starren Bereich nachteilig sein.

Hinsichtlich der flexiblen Lage überwiegen für einen ersten Technologiedemonstrator die Vorteile der Platzierung des LCP-Substrats auf eine der Außenlagen. Es soll hier jedoch nicht ausgeschlossen werden, dass andere Aufbauten ebenso vertretbar sind. Insbesondere bei mehrlagigem LCP erscheint ein symmetrischer Lagenaufbau mit einem LCP-Kern in der Mitte des Lagenstapels sinnvoll, der während der Herstellung gleichmäßigen Belastungen ausgesetzt ist. Die Assemblage der MMICs auf das LCP zieht eine hohe Integrationsdichte auf dieser Lage mit sich, da nicht nur die MMICs selber, sondern auch alle mit ihnen verknüpften Schnittstellen untergebracht werden müssen. In der Folge entsteht eine Ansammlung vieler Kontaktierungen von dieser Lage in die übrigen. Solche Via-Kontaktierungen sind im Platzbedarf und ihren Übertragungseigenschaften nicht zu vernachlässigen und werden im Folgenden näher diskutiert.

3.1.1 Einfluss von Via-Kontaktierungen auf den Mehrlagenaufbau

Der Übergang zwischen zwei Lagen erfolgt durch eine Via-Kontaktierung. Herstellungsbedingte Beschränkungen der Via-Geometrie müssen bei der Auslegung solcher Übergänge berücksichtigt werden und haben zwangsläufig Einfluss auf das Übertragungsverhalten. Zahlreiche Untersuchungen beschäftigen sich mit dem Entwurf reflexionsarmer Übergänge zwischen unterschiedlichen Lagen [124, 125, 126, 127]. Sie alle verbindet das Ziel, den Übergang elektrisch klein zu halten, um parasitäre induktive oder kapazitive Einflüsse zu minimieren. Abbildung 3.2 zeigt einen Übergang in einem Mehrlagenaufbau, dessen rückführender Leiter aus mehreren Vias gebildet wird. Die Herstellungsbeschränkungen umfassen neben dem Via-Durchmesser die Größe des Restrings und den Isolationsabstand (zumeist die minimale Strukturgröße). Dem Verhältnis (engl. *aspect ratio*) von Via-Durchmesser a und Tiefe der Kontaktierung b sind bei der galvanischen Kontaktierung, wie sie bei Weichsubstraten stattfindet, Grenzen gesetzt, um eine hinreichend gute Spülung des gebohrten Loches bei den Galvanikprozessen zu gewährleisten. Für durchgehende Kontaktierungen von Vias mit einem Durchmesser größer 100 μm beträgt das Aspect Ratio 1:6 bis 1:9. Für Mikrovias kleiner als 100 μm sind sogar Substrate bis 1,1 mm Stärke kontaktierbar. Bei Sacklöchern (engl. *blind vias*), die sich von einer Außenlage in eine Innenlage erstrecken, fällt das Aspect Ratio bis auf 1:1 ab [128]. Die Tiefe der Kontaktierung bestimmt damit den Durchmesser des Vias. Bei tieferen Sacklöchern mit einem Aspect Ratio von 1:1,3 fällt der Übergang inklusive Restringen und Isolationsabständen trotz Fertigungsmöglichkeiten minimaler Strukturen groß aus. Bei einer Sacklochtiefe von 0,4 mm, einem Via-Durchmesser von 0,3 mm, einem Restring von 150 μm und einem Isolationsabstand von 100 μm beträgt der Durchmesser des in Abb. 3.2 gezeigten Überganges bereits 2,1 mm. Damit ist die Querschnittsfläche des Übergangs größer als die Grundfläche der meisten MMICs.

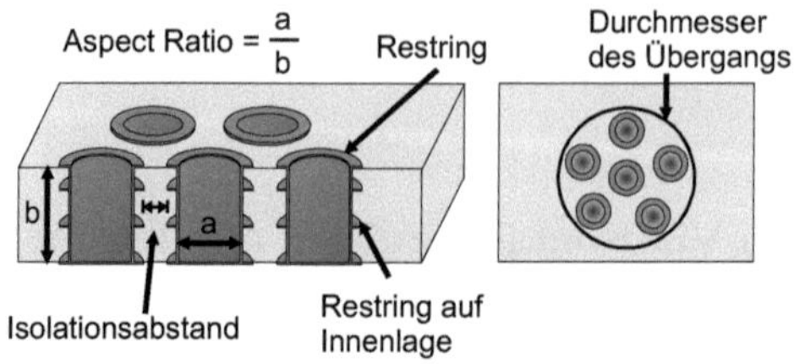

Abbildung 3.2: Quasi-koaxialer Via-Übergang mit herstellungsbedingtem Restring und Isolationsabstand.

Mit zunehmendem Durchmesser solcher Via-Übergänge erhöht sich die Fehlanpassung an die nominelle Impedanz von in der Regel 50 Ω. Grund hierfür sind herstellungsbedingte Restringe auf Innenlagen, erhöhte Isolationsabstände und parasitäre Kapazitäten zu benachbarten Lagen. In Verbindung mit Substratstärken von 0,2 mm eignen sich solche Via-Kontaktierungen ohne zusätzliche Anpassnetzwerke nur für ein bis zwei Lagen. Für einen kompakten Via-Übergang zwischen mehreren Lagen in Verbindung mit guter Anpassung des Übergangs ist ein niedriges Aspect Ratio folglich unabdingbar. Eine Realisierungsmöglichkeit für tiefe Sacklöcher mit geringem Durchmesser besteht in dem Verfüllen (engl. *pluggen*) der Vias vor dem Verpressen der unterschiedlichen Substratlagen. Diese Technologie setzt allerdings voraus, dass sich die zu verfüllenden Vias in einem mechanisch stabilen Substratkern befinden, der vor dem Verpressen durchkontaktiert wird. Nach dem Verpressen werden Sacklöcher über die zuvor kontaktierten Vias gesetzt. Das Stapeln der Vias unterteilt so tiefe Sacklöcher in Sacklöcher mit reduzierter Tiefe und Durchkontaktierungen. Das Aspect Ratio der gestapelten Anordnung kann daher deutlich kleiner ausfallen. Abb. 3.3 veranschaulicht den Prozess.

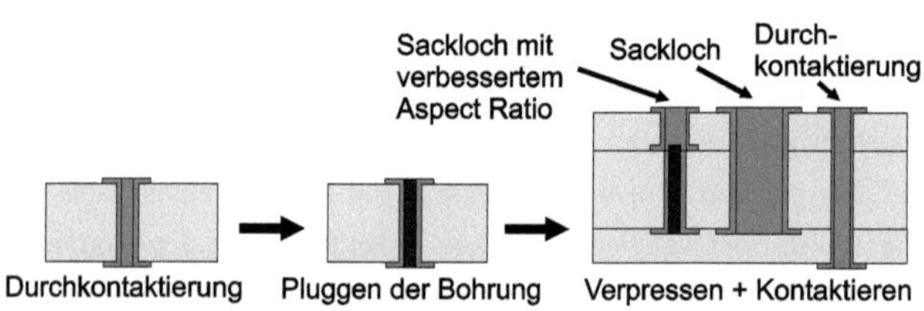

Abbildung 3.3: Gestapeltes Sackloch mit gefüllter Durchkontaktierung zur Verbesserung des Aspect Ratios.

Das Pluggen ähnelt dem üblichen Stapelprozess bei der LTCC-Herstellung. Als Füllmaterial sind Vergussharze, Polymere oder Kupfer geeignet. Hochfrequenzübergänge durch mehrere Lagen lassen sich kompakter und mit besseren Übertragungseigenschaften entwerfen, wenn sie mit gestapelten Vias konzipiert sind. Allerdings muss dieses im Lagenaufbau berücksichtigt werden. So benötigt das verfüllte Substrat eine gewisse Stabilität um den mechanischen Schleifprozessen nach der Verfüllung stand zu halten. Eine Verfüllung der Vias ist theoretisch nach jedem Pressschritt denkbar, treibt jedoch nicht nur die Herstellungskosten, sondern auch die Stärke der Kupferinnenlagen in die Höhe, da für jeden Verfüllschritt zusätzlich Kupfer aufgebaut und mit überstehender Verfüllmasse für eine ebene Oberfläche nur zum Teil wieder abgetragen wird. Reduzierte Sacklöcher sollten daher vorrangig für hochfrequente Signale verwendet werden.

3.1.2 Beschreibung des Lagenaufbaus

Miniaturisierte Via-Kontaktierungen zwischen den einzelnen Lagen sind eine der technologischen Randbedingungen, an denen sich der Lagenaufbau orientiert. Das außen liegende flexible LCP-Substrat stellt eine zusammenhängende Fläche für die bevorzugte Mikrostreifenleitungstechnik bereit und reduziert damit Übergänge zwischen den Lagen. Das Verfüllen der Vias benötigt für die damit verbundenen Schleifprozesse einen stärkeren Substratkern, auf den sich wiederum dünne Lagen stapeln, um das Aspect Ratio der Sacklöcher zu verbessern. Der sich aus diesen Schlüssen folgernde Lagenaufbau ist in Abbildung 3.4 dargestellt. Zunächst wird ein 0,51 mm starker Kern durchkontaktiert und dessen Vias verfüllt (Schritt A). Anschließend wird eine weitere Lage durch zwei Prepregs mit je 0,1 mm Stärke angefügt (Schritt B). Alle nun stattfindenden Kontaktierungen sind somit bisher ausschließlich durchgehend und mit sehr gutem Aspect Ratio. Allerdings baut sich auf Lage 3 eine erhöhte Kupferschicht durch die zweimalige Durchkontaktierung von Schritt A und B auf. Schließlich erfolgt die beidseitige Verpressung und Kontaktierung der äußeren Lagen (Schritt C). Die Sacklöcher von Lage 1 in Lage 3 lassen sich nun durch das Pluggen über die Kontaktierung von Lage 3 in Lage 4 und 5 stapeln und ergeben so Sacklöcher von Lage 1 bis Lage 5 mit einem Via-Durchmesser von nur 0,25 mm. Die im Durchmesser drastisch reduzierten Sacklöcher sind für die Verbindung zwischen MMIC und Antennenspeisung zu verwenden, um die Integrationsdichte und elektrischen Eigenschaften dieser wichtigen Schnittstelle zu verbessern.

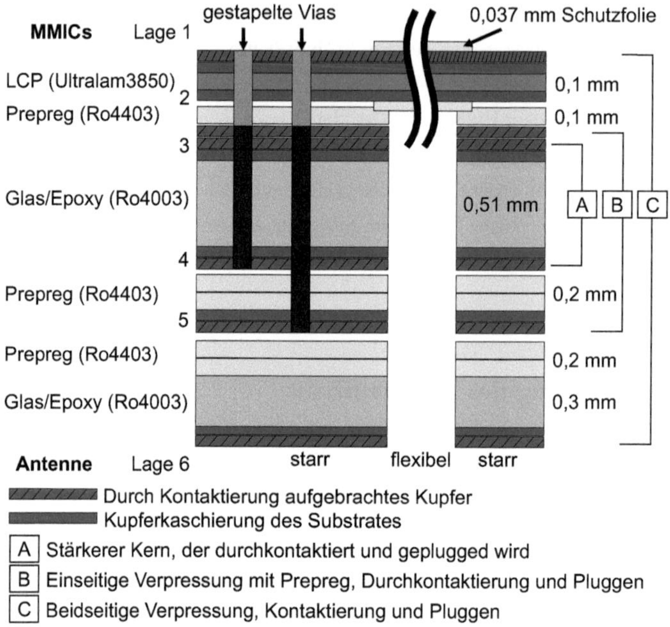

Abbildung 3.4: Starr-flexibler Mehrlagenaufbau mit verfüllten Vias.

In ihrer Funktion wurden einige der 6 Lagen bereits festgelegt. Auf Lage 1 werden die MMICs platziert und in Mikrostreifenleitungstechnik die Netzwerke entworfen. Lage 2 dient zwangsläufig als Masse der Mikrostreifenleitungen und zur Integration der Bias-Netzwerke der MMICs. Die dritte Lage fällt aufgrund des mehrmaligen Auftragens von Kupfer im Zuge der Kontaktierungsprozesse stärker aus. Sie ist geradezu als thermische Masselage prädestiniert, da über den größeren Kupferquerschnitt mehr Wärme lateral abgeführt werden kann. Näheres hierzu findet sich in Abschnitt 3.3. Die Lagen 4 und 5 stellen die Schnittstelle zum Speisenetzwerk der Antennen dar, welche sich auf Lage 6 befinden. Die Lagen 4-6 erfüllen auf den äußeren starren Substratbereichen, auf denen die Mischer platziert sind (vgl. Abb. 3.1), andere Aufgaben. Dort sind die Verteilernetzwerke des Lokaloszillators und die Verteilung der Signalausgänge auf den Stecker integriert. Abb. 3.5 vermittelt ein detailliertes Bild der einzelnen Lagen sowie deren Integrationsdichten.

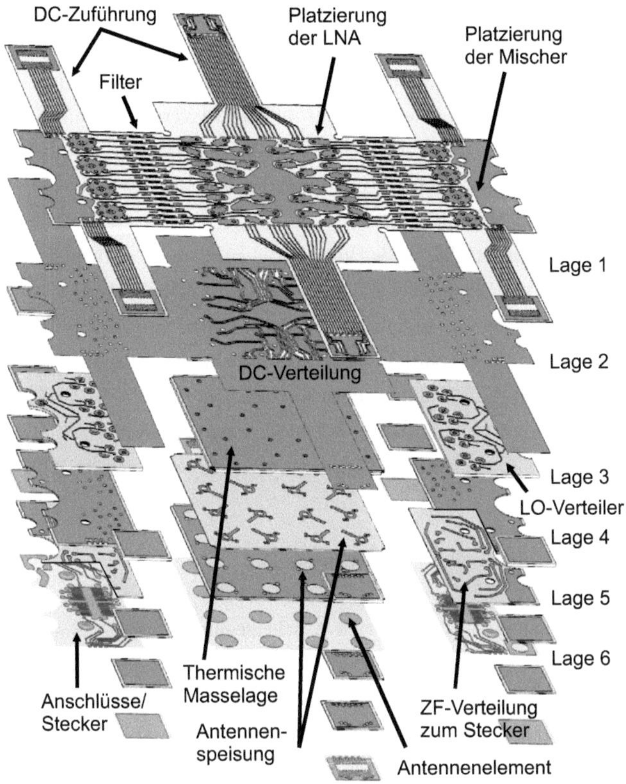

Abbildung 3.5: 6-lagiger Entwurf des starr-flexiblen Antennenmoduls.

Spannungsversorgung der MMICs

Aus schaltungstechnischer Sicht ist die separate DC-Speisung für jeden MMIC zu empfehlen. Die Möglichkeit, jeden einzelnen MMIC in seiner Stromaufnahme zu regeln und zu testen stellt einen wichtigen Aspekt bei komplexen Modulen dar. Auch wirken sich Spannungsschwankungen und Störungen nicht auf alle MMICs gleichzeitig aus. Die Spannungsversorgung (DC) erfolgt daher für jeden MMIC getrennt auf dem Frontend. Die Integrationsdichte steigt dadurch nicht nur auf den betroffenen Lagen (hier sind es die Lagen 1 und 2), sondern auch seitens der Anschlüsse erheblich an. Die Modulfläche von 30 mm x 30 mm würde auch für hochintegrierte Stecker kritisch werden, wenn die Spannungsversorgung und die Signalausgänge für 16 aktive Antennenelemente separat bereit gestellt werden sollen. Bei einem Mischer und einem Verstärker je Element und Polarisation liegen 64 DC-Eingänge und 32 ZF-Ausgänge vor. Im planaren Aufbau müssen die DC-Zuleitungen durch die unterliegenden Ebenen geführt werden (vgl. Abb. 1.11). Bei einer herkömmlichen starren Architektur wird dadurch die Integrationsdichte in die Höhe getrieben. Beim starr-flexiblen Aufbau lassen sich die Anschlüsse über die flexiblen Seiten in eine Ebene mit entsprechendem Platz führen. Die Architektur bleibt so planar hinsichtlich des Lagenaufbaus, nutzt aber die Modultiefe für Anschlüsse aus. Über das flexible Substrat geführt, nehmen die DC-Zuleitungen nur den Querschnitt des LCP in Anspruch. Dieses ist ein Grund, warum ein Modulentwurf mit Polarisationsmultiplex trotz hoher Integrationsdichten auf nur 6 Lagen erfolgen kann.

Verteilungsnetzwerk des Lokaloszillatorsignals

Das Lokaloszillatorsignal wird jedem starren Mischersegment über einen koaxialen Stecker (Typ Mini-SMP) zugeführt. Bei 8 Antennenelementen je Polarisation findet eine 1:16 Teilung des Signals statt. Im Sinne einer Signalteilung mit idealer Entkopplung sind Wilkinson-Teiler denkbar. Die dafür zu integrierenden Widerstände stellen erhöhte Anforderungen an die Leiterplattentechnologie, können aber in Dickschichttechnik aufgetragen werden. In diesem Entwurf werden sich jedoch die Vorteile eines subharmonischen Mischers zu Nutze gemacht. Das zu teilende Signal liegt in der Frequenz im X-Band bei 9 GHz. Eine erhöhte Isolation zwischen den Lokaloszillatoreingängen der Mischer steht nicht im Vordergrund. Auch muss keine phasengleiche Aufteilung stattfinden, da die Phase in einem aktiven Array bei jedem einzelnen Antennenelement eingestellt werden kann. Hier wird daher auf eine einfache Aufteilung zurückgegriffen, bei der jeweils zwei 50 Ω Leitungen zusammengeführt und mit einer Anpass- und leerlaufenden Stichleitung wieder an 50 Ω angepasst werden. Abb. 3.6 verdeutlicht die durchaus breitbandig nutzbare Charakteristik des Teilers.

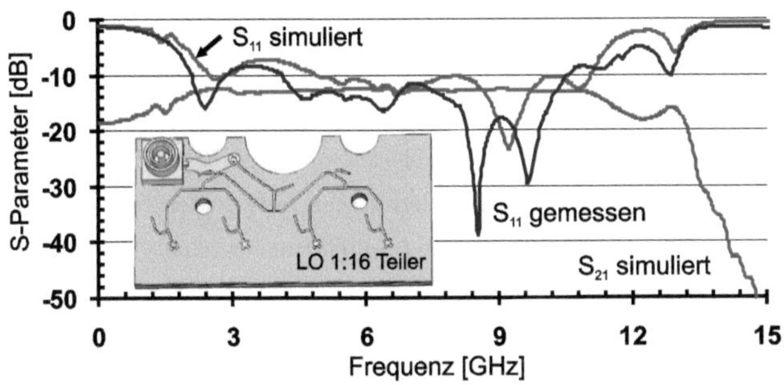

Abbildung 3.6: S-Parameter des 1:16 Teilernetzwerkes für den Lokaloszillator.

Spiegelfrequenzfilter

Platziert man die Spiegelfrequenzfilter auf den flexiblen Bereichen, reduziert sich die Integrationsdichte auf den starren Bereichen mit MMICs. Die für 16 Filter vorhandene Fläche ist in der Modulbreite, aber nicht in der Länge begrenzt. Dies ermöglicht Filter höherer Ordnung zu integrieren. In dieser Arbeit wird ein einfaches Filter mit gekoppelten Leitungen einer viertel Wellenlänge verwendet [129]. Aufgrund der beschriebenen Biegeeinflüsse befinden sich die Filter nicht in einem Biegebereich. Die S-Parameter wurden bereits in Kapitel 2.3.2 gezeigt. Das Filter weist eine 3 dB-Bandbreite von 1,1 GHz auf. Die Transmissionsverluste betragen 2 dB bei 20 GHz bei einer Anpassung besser als 10 dB über den Durchlassbereich. Die Unterdrückung der Spiegelfrequenz bei 16,29 GHz misst 18,5 dB.

3.2 Einzelstrahlerentwurf

Die übergeordnete Funktion des Moduls ist die eines Gruppenstrahlers. Auf dem Einzelstrahlerentwurf liegt folglich besonderes Augenmerk: Seine Richtcharakteristik wird zur Einhüllenden der Richtcharakteristik des Moduls über den gesamten Schwenkbereich. Weiterhin wird in Verbindung mit der Antennenspeisung am Einzelstrahler die Trennung der Polarisationen vollzogen. Eine hohe Polarisationsreinheit ist die Grundvoraussetzung für die Realisierung von Polarisationsmultiplex. Es wird daher eine starke Unterdrückung der Kreuzpolaren über einen breiten Frequenzbereich angestrebt. Da sich die Lagen 1-5 des Moduls weitestgehend aus den technologischen Randbedingungen der Fertigung von starr-flexiblen Mehrlagenplatinen ableiten, muss das Speisenetzwerk von den MMIC zu den Einzelstrahlern auf den bereits festgelegten Substratstärken und Lagen erfolgen. Hinsichtlich guter Antenneneigenschaften unterliegt aber auch die Stärke des Antennensubstrats (Lage 6) Einschränkungen.

Für breitbandige Antenneneigenschaften mit hoher Effizienz sind verlustarme, dickere Substrate mit niedriger Permittivität zu bevorzugen [19]. Mit wachsender Substratdicke werden allerdings zunehmend Oberflächenwellenmoden ausbreitungsfähig. Die Grenzfrequenzen $f_{c,n}$ von Substratwellen ergeben sich zu:

$$f_{c,n} = \frac{nc}{4h\sqrt{\epsilon_r - 1}}, \tag{3.1}$$

mit n=0,2,4.. für transversal magnetische und n=1,3,5.. für transversal elektrische Moden [130]. Soll die Ausbreitung aller Moden mit n>0 unterdrückt werden, muss für die Substratstärke h demnach gelten:

$$h < \frac{nc}{4f_{c,n}\sqrt{\epsilon_r - 1}}. \tag{3.2}$$

Eine härtere Bedingung stellt Gleichung 3.3 dar, bei der die Substratdicke h

$$h \leq \frac{0,3c}{2\pi f\sqrt{\epsilon_r}} \tag{3.3}$$

genügen muss, um einen Energieverlust in die immer ausbreitungsfähige erste Oberflächenwellenmode TM_0 gänzlich vernachlässigen zu können [130, 131]. Bei ϵ_r=3,38 und 20 GHz sollte die Stärke der Antennenlage folglich unter 390 μm liegen. Die zweite Mode wäre auf der anderen Seite erst ab h=2,43 mm ausbreitungsfähig. Die Stärke der Antennenlage wird als Kompromiss zwischen breitbandigem Verhalten und Oberflächenwellenunterdrückung und zur Reduzierung des Durchmessers der Sacklöcher von Lage 6 zu 0,5 mm gewählt.

Die Signaleinspeisung in die Antenne kann strahlungsgekoppelt oder über Via-Kontaktierungen erfolgen. Via-Kontaktierungen mit Sacklöchern von der Lage 6 gestalten sich aufgrund der Substratstärke des Antennensubstrats wenig kompakt. Durchkontaktierungen hingegen wären kompakt, schränken aber auch die Möglichkeiten der MMIC-Platzierung auf der Lage 1 ein. In dem vorliegenden Entwurf findet daher eine strahlungsgekoppelte Antennenspeisung von der Lage 4 durch die Masselage 5 auf die Mikrostreifenantenne in Lage 6 statt. Die Strahlungskopplung aus Lage 4 wird durch eine asymmetrische Streifenleitung begünstigt, da sich das elektrische Feld der Streifenleitung auf der zu koppelnden Seite der näherliegenden Massefläche konzentriert und auf der nicht zu koppelnden, entfernteren Lage 3 reduziert.

Die Auslegung des Einzelstrahlers geht von zwei orthogonalen Symmetrieachsen voraus. Der symmetrische Entwurf bewirkt ein gleichsam symmetrisches Abstrahlungsverhalten der Antenne bezogen auf die linearen Polarisationen. Zirkulare Polarisation entsteht aus der Überlagerung zweier linearer, orthogonaler Moden, welche in der Phase um 90° zueinander verschoben sind. Die Phasenverschiebung wird dabei in der Regel durch ein 3dB-Hybrid erzielt. Für eine kompakte Realisierung wird hier die Funktionalität des Hybriden in die Koppelstruktur integriert. Dabei wird auf eine Anordnung mit zirkularem Patch zurückgegriffen. Das Speisenetzwerk besteht aus einem Ringresonator mit einer leerlaufenden Stichleitung, der über eine kreisrunde Apertur an das Patch ankoppelt. Die Einspeisung der links- und rechtsdrehenden zirkularen Polarisationen geschieht über Streifenleitungen, die in einem Winkel von ±90° zu der Stichleitung verlaufen. Die Streifenleitungen enden an einem Sackloch mit direkter Anbindung an die MMIC-Lage. Abb. 3.7 veranschaulicht den Einzelstrahlerentwurf [132]. Die Abmessungen finden sich in Anhang A.3.

Aufgrund seiner Komplexität ist der gezeigte Entwurf nur numerisch mit Hilfe von Vollwellensimulatoren zu optimieren. Die Zerlegung in lineare Moden gibt dabei Aufschluss über die prinzipielle Funktionsweise. Hierzu wird der Ringresonator bei Gleich- und Gegentaktanregung der Speisepunkte betrachtet. Bei Gegentaktanregung löschen sich die Ströme auf der Symmetrieachse des Ent-

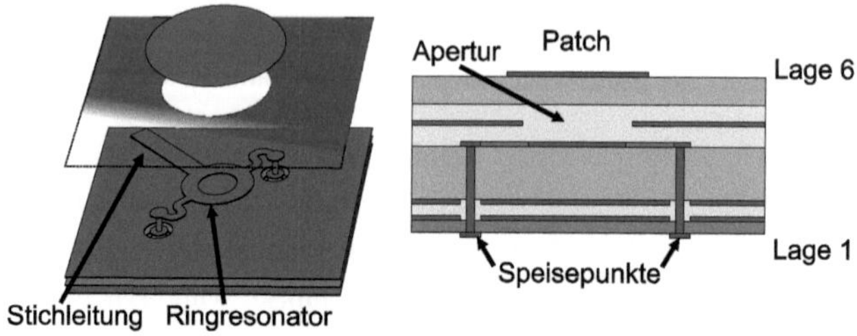

Abbildung 3.7: Aperturgekoppeltes Patch mit Ringresonator und Stichleitung zur zirkularen Polarisationstrennung.

wurfs aus. Dieses ist gleichbedeutend mit einer elektrischen Wand als Randbedingung in der Symmetrieebene. Die Stichleitung ist ohne Bedeutung im Gegentakt. Auf dem Ringresonator entsteht eine Felderhöhung, die das Patch über die Apertur in seiner Grundmode TM_{11} anregt. Im Gleichtaktfall überlagern sich die Ströme in der Symmetrieebene konstruktiv mit Anregung der orthogonalen Polarisation. Die leerlaufende Stichleitung bewirkt dabei einen Phasenversatz von 90° in der Gleichtaktmode. Gleich- und Gegentaktmoden ergeben bei gleichzeitiger Betrachtung die zirkularen Polarisationen. In Abb. 3.8 werden die Moden durch Visualisierung der elektrischen Feldkomponente in Ausbreitungsrichtung verdeutlicht.

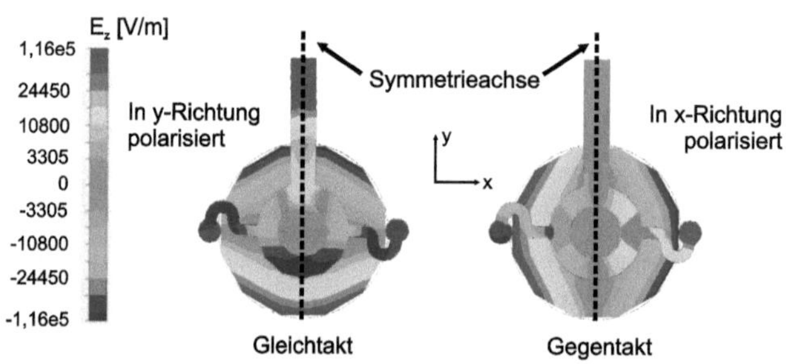

Abbildung 3.8: Elektrisches Feld der Gleich- und Gegentaktmoden.

Die Streuparameter des gefertigten, numerisch optimierten Einzelstrahlers werden mit Hilfe eines Messspitzenplatzes aufgenommen. Das Antennenelement strahlt hierbei in einen Absorberstapel. Die koplanaren Messspitzen kontaktieren in Masse-Signal-Masse Konfiguration direkt auf dem Restring des Vias. Dieses ist auch exakt die Stelle, an welcher der MMIC mit dem Drahtbond kontaktiert wird. Außerdem ermöglicht der quasi-koaxiale Übergang eine Kontaktierung mit Koaxialsteckern des Typs Mini-SMP. Diese können direkt mit ihrem Innenleiter auf den Restring gelötet werden. Der Messaufbau sowie ein Vergleich zwischen gemessenen und simulierten Streuparametern wird in Abb. 3.9 und Abb. 3.10 gezeigt.

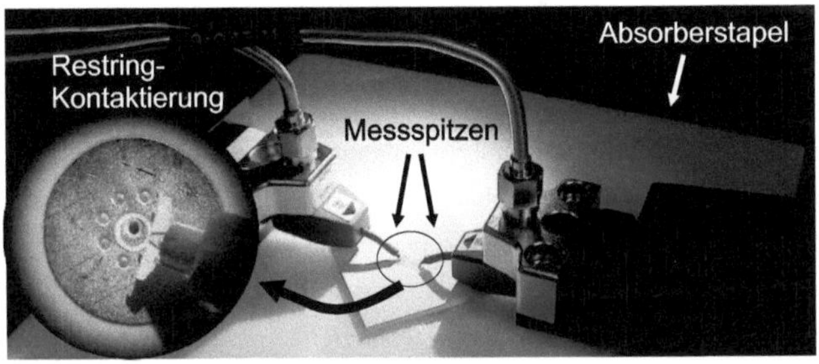

Abbildung 3.9: Messspitzenplatz zur Erfassung der Streuparameter des Einzelstrahlers.

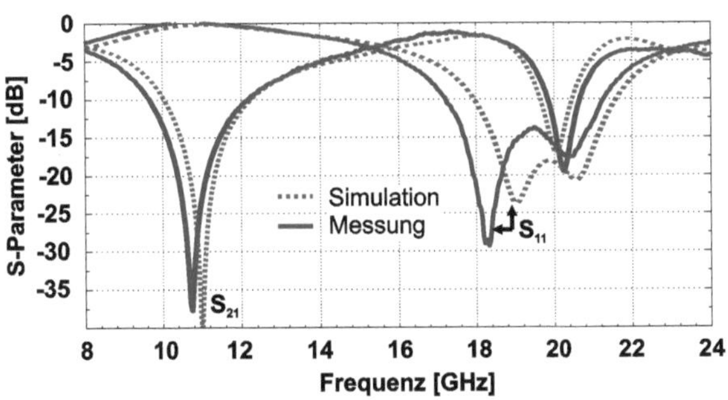

Abbildung 3.10: Simulierte und gemessene Streuparameter des Einzelstrahlers.

Zur Beurteilung der breitbandigen, eingangsseitigen Anpassung S_{11} wird die Isolation S_{21} der Speisetore hinzugezogen. Hier liegt die Entkopplung der Speisetore bei 10 dB über einen Frequenzbereich von 800 MHz um die Mittenfrequenz von 20 GHz. Für den Nachweis breitbandiger Antenneneigenschaften sind das Achsenverhältnis und der Antennengewinn über der Frequenz zu untersuchen. Dieses geschieht durch Messung der Transmissionsparameter nach der 3-Antennen-Methode im Fernfeld [133]. Die Sendeantenne ist in diesem Fall an Tor 1 und die Empfangsantenne an Tor 2 eines Netzwerkanalysators angeschlossen. Für die Messung werden drei Antennen in 0° und 90° Ausrichtung gegeneinander vermessen. Aus den komplexen Transmissionsfaktoren der sechs Messungen lassen sich der Antennengewinn und das Achsenverhältnis der zu untersuchenden Antenne bestimmen. Die Messmethode setzt weder den Antennengewinn, noch das Achsenverhältnis der drei Antennen als bekannt voraus. Die Anbindung an den zu untersuchenden Einzelstrahler erfolgt über Mini-SMP Stecker und Kabel. Der ungenutzte Eingang des Patchs wird am Ende des Zuleitungskabels mit 50 Ω abgeschlossen. Als Messantennen finden ein Rundhorn mit 21 dBi Gewinn und ein Rechteckhorn mit 16,5 dBi Gewinn, beide linear polarisiert, Anwendung. In Abb. 3.11 werden die Messergebnisse mit den Simulationsergebnissen verglichen. Verluste in Höhe von 1,5 dB wurden beim gemessenen Antennengewinn berücksichtigt, entsprechend der Kontaktierung des Einzelstrahlers durch ein 20 cm Kabel an den Netzwerkanalysator. Die Simulation wurde in CST Microwave Studio durchgeführt.

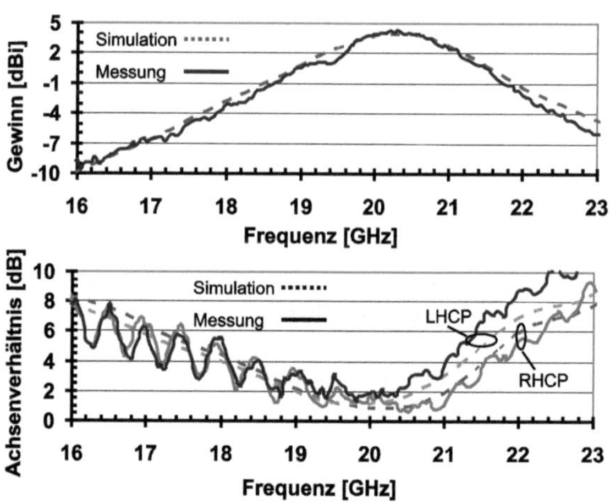

Abbildung 3.11: Achsenverhältnis und Gewinn des Einzelstrahlers in Simulation und Messung.

Es zeigt sich eine gute Übereinstimmung in Simulation und Messung. Der Antennengewinn beträgt 4 dBi und fällt innerhalb eines 2,5 GHz breiten Bandes um 3 dB ab. Das Achsenverhältnis erreicht bestenfalls ca. 1 dB und liegt über ein Band von 2 GHz unter 3 dB. Hinsichtlich des Gewinns und des Achsenverhältnisses liegt demnach eine verhältnismäßig breitbandige Auslegung des Einzelstrahlers vor. In der Messung lassen sich Welligkeiten deutlich ausmachen, die auf eine geringe Fehlanpassung im Zuleitungskabel zurückzuführen sind. Die Richtcharakteristik ist in Abbildung 3.12 in vier Schnitten dargestellt. Die 3dB-Keulenbreite liegt bei ca. 110°. Die Kreuzpolarisation wird in einem Öffnungswinkel von 35° stark unterdrückt. Darüber hinaus tritt in 0° Azimut die geringste Unterdrückung der Kreuzpolaren von 10 dB auf.

Die gute Übereinstimmung der Antennencharakteristiken in Simulation und Messung qualifiziert den Einzelstrahlerentwurf hinsichtlich der Integrierbarkeit, Messbarkeit und der an das Strahlungsverhalten gestellten Anforderungen. Die einfache Anbindung des quasi-koaxialen Übergangs an Messspitzen, Steckverbinder und MMICs sowie die Kompaktheit des Via-Übergangs in Zusammenhang mit der strahlungsgekoppelten Anregung stellen wichtige Kriterien zur Integrier- und Messbarkeit dar.

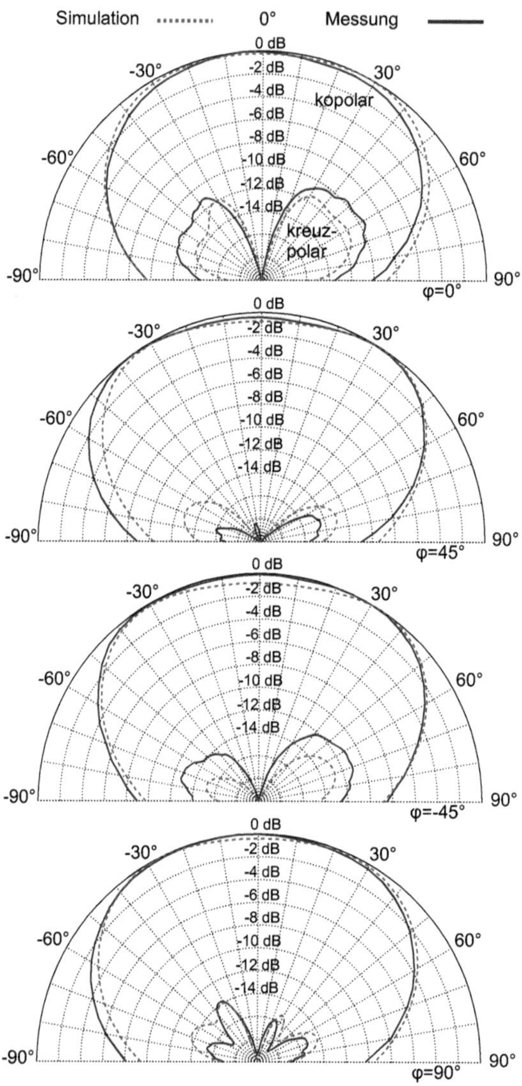

Abbildung 3.12: Fernfelddiagramme in 0°-, 45°-, -45°- und 90°-Schnitten bei 20 GHz für LHCP.

3.3 Kühlung

Die Diskussion einer Kühllösung beginnt mit der Feststellung der abzuführenden Verlustleistung. Im vorliegenden Fall werden rauscharme Verstärker mit geringem Ausgangspegel betrieben. Demnach kann von einem sehr niedrigen Wirkungsgrad ausgegangen werden. Nahezu die gesamte aufgenommene Leistung muss in Form von Wärme abgeführt werden. Die verwendeten Verstärker (Typ CHA2090 [58]) verlangen eine Betriebsspannung von 3V bis 4,5V, die eingesetzten Mischer (Typ HMC337 [57]) von bis zu 4V. Die aufgenommene Leistung summiert sich auf 8,2 W bis 11,8 W bei einem 4x4 Modul mit Polarisationsmultiplex auf 32 aktiven Empfängern. Diese Verlustleistung gilt es durch Kühlung abzuführen.

Die direkte Wärmeabfuhr von den Halbleiterlagen stellt den effizientesten Weg dar, setzt andererseits aber eine großflächige Kupferfläche zur thermischen Anbindung an die Wärmesenke voraus. Dieses kann einen Konflikt mit der hohen Integrationsdichte auf der MMIC-Lage bedeuten und bringt unter Umständen die Verlegung einiger Netzwerke in die inneren Lagen mit sich. Die Verlegung von Netzwerken in innere Lagen geht mit den Nachteilen bei Streifenleitungstechnik auf mehrlagigem LCP-Sustrat einher (siehe auch Abschnitt 2.3.1). Auch die Wärmeabfuhr kann über die inneren Kupferlagen durch sogenannte thermische Vias erfolgen. Hierzu bieten sich Lagen mit erhöhter Kupferstärke an, die gemäß dem Lagenaufbau auf Lage 3 vorhanden sind (siehe Abb. 3.4). Das Wärmeleitvermögen von Vias und Kupferlagen lässt sich über ihren thermischen Widerstand betrachten.

Der Wärmewiderstand R_v eines Kupfervias mit einem Durchmesser von $2r_v$, der Länge l_v und einer Kupferstärke der Hülse von t_v sowie der laterale Wärmewiderstand R_l einer Kupferlage der Stärke t_l, Breite w_l und Länge l_l berechnen sich mit der Wärmeleitfähigkeit des Kupfers λ_c aus [134]:

$$R_v = \frac{l_v}{\pi \lambda_c t_v (2r_v - t_v)} \quad und \quad R_l = \frac{l_l}{\lambda_c t_l w_l}. \tag{3.4}$$

Im Beispiel der Sacklöcher von Lage 1 auf Lage 3 mit d_v=250 μm, l_v=320 μm, t_v=30 μm und λ_c=390 W/mK beträgt R_v=39,7 K/W. Bei einer Verlustleistung eines einzelnen Verstärkers von ca. 0,25 W würde dieses einen Temperaturunterschied von nur 10°C zwischen den Lagen bei Verwendung eines einzelnen thermischen Vias bedeuten. Vias eignen sich daher gut als thermische Leiter und lassen sich in hoher Zahl unter den MMICs unterbringen. Die Integrationsdichte bleibt davon unberührt.

Anders stellt sich die laterale Wärmeleitung in einer Innenlage dar. In ihr vereint sich der Wärmestrom mehrerer MMICs und muss auf einem deutlich längeren Weg abgeführt werden. Im Falle des mittleren starren Segmentes in Bild 3.5 ist die Verlustleistung von 16 LNAs je Seite abzuleiten. Die Wärmesenke befindet sich dabei in der Mitte des Moduls. Hier weist die MMIC-Lage die geringste Integrationsdichte auf, weil sich die Mikrostreifenleitungen der Verstärker zu den Seitenflügeln erstrecken. Im hypothetischen Grenzfall befänden sich alle LNAs an der Kante und die Senke fiele infinitesimal schmal aus. Bei einem 3 cm x 3 cm Modul bei 20 GHz beträgt R_l=20,7 K/W mit l_l=15 mm, t_l=62 μm und w_l=30 mm. Die Verlustleistung von 4 W bei 16 LNAs erzeugte ein Temperaturgefälle von 82,8°C. Dieses würde eine beträchtliche Kühlung der Wärmesenke bei einer maximalen Betriebstemperatur der MMICs von 85°C erfordern. In dem Entwurf nach Bild 3.5 fällt der Wärmewiderstand jedoch geringer aus, da die Distanzen der MMICs zur Wärmesenke minimiert wurden.

Als Wärmesenken dienen Kupferkühlplatten, die den verbleibenden Platz auf der MMIC-Lage bestmöglich ausnutzen. Die Kühlplatten der Mischersegmente sind im gefalteten Zustand des Moduls in Kontakt mit Buchsen, die in die mittlere Kühlplatte eingepresst sind. Auf diese Weise muss die Wärme lediglich von der mittleren Kühlplatte abgeführt werden. Abbildung 3.13 veranschaulicht die auf den starren Segmenten angebrachten Wärmesenken.

Ein genaues Bild der Wärmeverteilung ergibt eine thermische Simulation. Abb. 3.14 zeigt das Temperaturprofil der starren Segmente. Die Mikrostreifenleitungen sind nicht berücksichtigt, da sie keinen wesentlichen Beitrag zur Wärmeleitung liefern. Alle MMICs befinden sich auf einer Massefläche, welche mit thermischen Vias an die verstärkte Kupferinnenlage angebunden ist. Dieses gilt gleichfalls für die Kühlplatten. Die LNAs und Mischer werden als Wärmestromquellen mit je 0,25 W bzw. 0,12 W Leistung angenommen. Simuliert wurde im stationären Zustand unter CST EM-Studio [120].

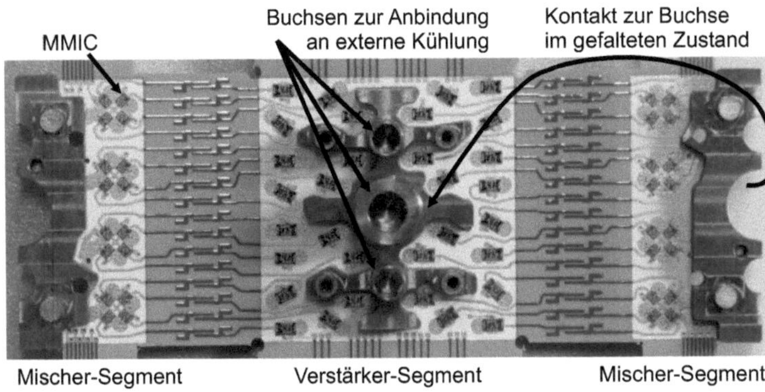

Abbildung 3.13: Passgenaue Kühlplatten auf den starren Segmenten der Mischer und der Verstärker.

Das Temperaturprofil zeigt die Temperaturerhöhung gegenüber den Kühlplatten an. Die maximale Temperaturerhöhung von 20°C tritt bei denjenigen MMICs auf, welche die schlechteste Anbindung an die Kühlplatten haben. Im Falle des Verstärkersegmentes sind dieses die MMICs in den Ecken. Bei den Mischersegmenten sind es Mischergruppen, deren direkte Wärmeableitung an einer mit einer Bohrung versehenen Stelle der Kühlplatte geschieht. Ein Temperaturanstieg von 20°C gegenüber den Kühlplatten bedeutet, dass bei einer nominellen Betriebstemperatur der Halbleiter von ca. 50°C eine passive Kühllösung bei Raumtemperatur möglich ist.

Auch wenn eine aktive Flüssigkeitskühlung der Kühlplatten realisierbar und äußerst effizient wäre, sind mit ihr kritische Gesichtspunkte verbunden. Der Einsatz von Flüssigkeiten in direkter Nähe solch komplexer Architekturen birgt Risiken bzgl. der Dichtheit in sich. Aus systemintegrativer Sicht ist eine externe Wärmesenke zu bevorzugen, der eigene Bedingungen hinsichtlich der Anschlüsse und des Platzbedarfs eingeräumt werden können. Weiterhin ist eine steckbare Anbindung der Kühlplatten des Moduls an eine externe Senke von Vorteil. Dieses lässt sich mit Hilfe von Wärmeleitrohren (engl. *heatpipes*) umsetzen.

Wärmeleitrohre erzielen eine hohe Wärmeleitfähigkeit, indem der Kreislauf einer verdampfenden und kondensierenden Flüssigkeit für den Wärmetransport

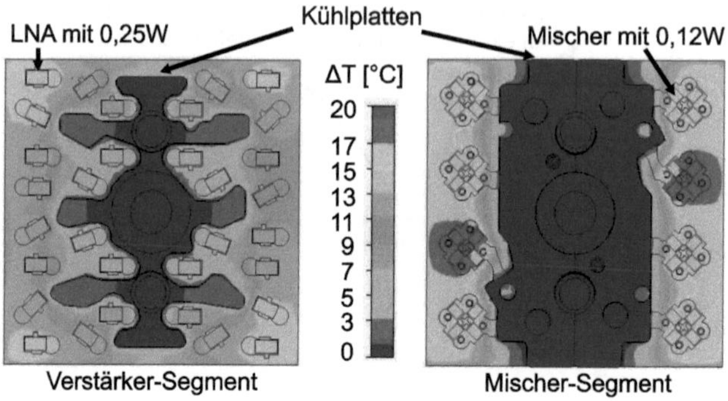

Abbildung 3.14: Auf Kühlplatten normiertes, simuliertes Temperaturprofil der MMIC-Lage, nach Verstärker und Mischersegmenten getrennt.

genutzt wird. Die an dem heißen Ende des Wärmeleitrohres verdampfende Flüssigkeit kondensiert am kälteren Ende und fließt mit der Schwerkraft oder durch Kapillarkräfte zurück. Je nach Temperaturbereich werden unterschiedliche Flüssigkeiten eingesetzt [135]. Für den zu erwartenden Einsatzbereich von 0°C bis 85°C eignet sich Wasser. Der Siedepunkt wird dabei durch einen Unterdruck in dem Wärmeleitrohr heruntergesetzt. Die Wärmeleitfähigkeit von Wärmeleitrohren kann mehrere Größenordnungen über der von reinem Kupfer liegen. Sie hängt jedoch stark von Durchmesser, Biegung, Kapillarmaterial und der Länge des Wärmeleitrohrs ab. Ein experimenteller Aufbau wird daher zur Untersuchung des gesamten Kühlkonzeptes herangezogen.

Statt der MMICs werden für einen thermischen Test Chipwiderstände eingesetzt, deren Leistungsaufnahme der Verlustleistung der MMICs entspricht. Zahlreiche zusätzliche Heißleiter geben durch Messung ihres ohmschen Widerstandes Rückschluss auf die Temperatur an dem jeweiligen Ort. Gemäß Abb. 3.13 werden drei Kühlplatten auf das starrflexible Modul gelötet. Sie alle haben an ihren Querseiten Kontakt mit den drei eingepressten Buchsen, in welche gesinterte Wärmeleitrohre mit hoher Kapillarwirkung gegen die Schwerkraft gesteckt werden. Zwei Wärmeleitrohre besitzen einen Durchmesser von 3 mm mit einem maximalen Wärmestrom von 11 W bei einer Wärmeleitfähigkeit von 26,5-35,4$\cdot 10^3$ W/mK. Das dritte Wärmeleitrohr ist mit 4 mm im Durchmesser für bis zu 16 W bei 22,7-31,8$\cdot 10^3$ W/mK ausgelegt. Das kalte

Ende der Wärmeleitrohre wird in eine wassergekühlte Kupferplatte gesteckt. Sie spiegelt die externe Wärmesenke wider. Der Abstand vom Modul bis zur externen Senke beträgt 1 cm. Die Wassertemperatur liegt bei 25°C.

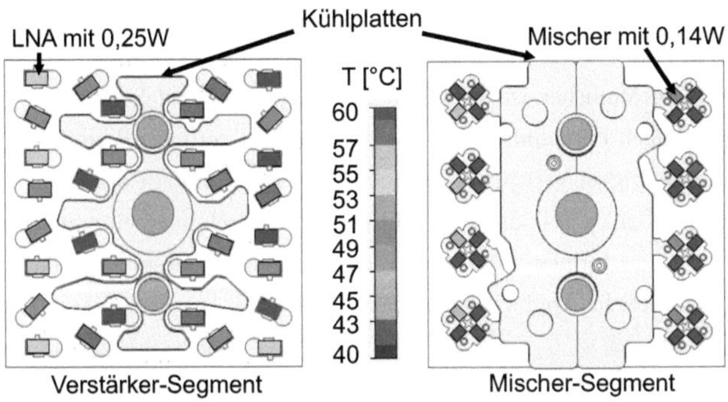

Abbildung 3.15: Gemessenes Temperaturprofil der MMIC-Lage nach Verstärker- und Mischersegment getrennt.

Die Messung zeigt ein zu der Simulation ähnliches Bild. Die Temperatur der Halbleiter schwankt zwischen 44°C und 57°C bei einer Leistungsaufnahme von 12,6 W. Die Temperaturen fallen um 10°C bei der gleichen Messung mit einer reduzierten Spannung und einer Leistungsaufnahme von 9,7 W. Damit bleiben die Halbleiter deutlich unter ihrer maximalen Betriebstemperatur.

3.4 Kapselung

Die Kapselung der Halbleiter und der empfindlichen Drahtbondverbindungen ist ein unverzichtbarer Bestandteil einer Modularchitektur. Zweck der Kapselung ist es, die MMICs und deren Verbindungstechnik vor äußeren Einwirkungen zu bewahren und ein Zusammenstecken des Moduls zu einem Antennenverbund handhabbar zu gestalten. Neben der Schutzfunktion werden weitere Anforderungen an die Kapselung gestellt [136]. Eine reversible Kapselung wäre vorteilhaft für den Austausch möglicherweise beschädigter MMICs. Die Kapselung sollte ferner im Idealfall keinen Einfluss auf das elektrische Verhalten der MMICs haben. Letzterer Aspekt lässt sich mit Simulationen mitunter schwer sicherstellen. Grund hierfür sind die mangelnden Möglichkeiten, aktive Bauelemente in Simulationen einzubeziehen. Meist wird dabei auf vereinfachte Modelle zurückgegriffen, die ein nur unvollständiges Untersuchungsergebnis hinterlassen.

Diese Überlegungen führen zur Wahl eines Kapselmaterials namens ROHACELL® [137] mit luftähnlicher Dielektrizitätskonstante. Es handelt sich um einen geschlossenporigen Polyimidschaum mit einer äußerst geringen Permittivität ϵ_r=1,09 und niedrigem Verlustwinkel tanδ=0,016 (hier im Falle des Typs HF71 bei 26 GHz). ROHACELL lässt sich sehr gut mechanisch bearbeiten und sogar thermoplastisch verformen. Mit diesen Eigenschaften hat dieses Material bereits Einzug in zahlreiche Applikationen, speziell auch für Antennenradome, gehalten.

Die Kapselung besteht in dem Verfüllen des in Abb. 3.1 gezeigten Raums zwischen den sich gegenüberliegenden starren Segmenten. Die MMICs und Bonddrähte finden dabei in ausgefrästen Kavitäten Platz. Das ROHACELL fügt sich mit seinen der Luft ähnlichen elektrischen Eigenschaften in die starr-flexible Architektur ein. Die auf den flexiblen Bereichen integrierten Filter und die eingebetteten MMICs unterliegen somit im gekapselten wie ungekapselten Fall vergleichbaren Umgebungsbedingungen. Mittels ausgefräster Deckel aus ROHACELL werden die einzelnen starren Segmente vor dem Zusammenfalten gekapselt. Die Deckel werden dabei auf den Kühlplatten durch Sockel fixiert und durch Schrauben aneinander gepresst, wie in Abbildung 3.16 gezeigt ist.

3.5 Skalierter Aufbau für große Gruppenstrahler

Eine skalierbare Aufbauarchitektur für große Gruppenstrahler setzt voraus, dass beim Aneinanderreihen mehrerer Module das Raster einer halben Wellenlänge zwischen benachbarten Antennenelementen auch über die Modulgrenzen bewahrt bleibt. Auf Modulebene ist dieses beim planaren Aufbau sicher gestellt, solange die Biegeradien des flexiblen LCP zum Modulraster nicht ins Gewicht fallen. In dem umgesetzten Entwurf sind nominell Biegeradien von nur 0,5 mm angesetzt, die jedoch auf 1 mm zwecks größerer Sicherheitsreserven bei der Fertigung des Technologiedemonstrators erweitert wurden. Abbildung 3.17

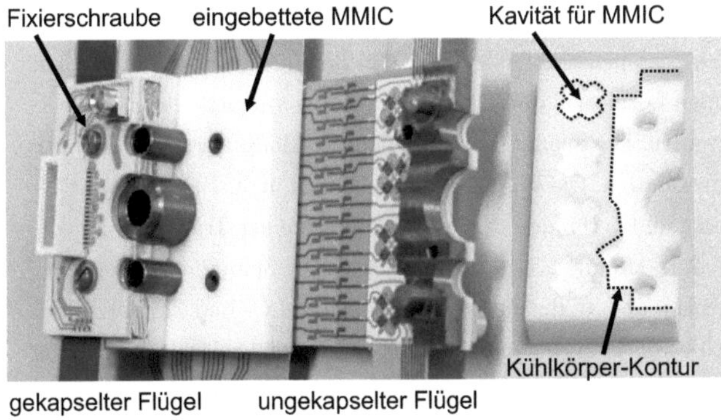

Abbildung 3.16: Kapselung der MMICs durch konturgefrästes ROHACELL.

zeigt ein gefertigtes Empfangsmodul als Baustein eines beliebig großen Antennenverbunds.

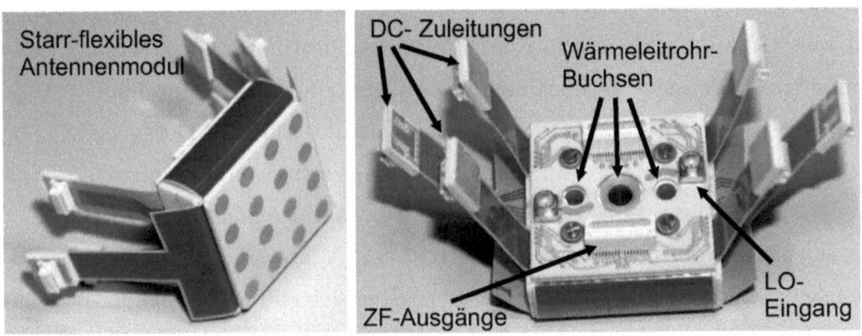

Abbildung 3.17: 4x4 Empfangsmodul als Baustein großer Gruppenstrahler.

Die Module werden auf eine Trägerplatine gesteckt, auf welcher die zahlreichen Schnittstellen gemäß Abb. 3.17 auf dem selben Modulraster unterzubringen sind. Diese Aufgabe ließe sich am kompaktesten durch einen einzigen Mehrfachstecker realisieren, der die verschiedenen Schnittstellen von der Spannungsversorgung über den hochfrequenten Lokaloszillator bis hin zur integrierten Wärmesenke für die Wärmeleitrohre vereint. Da solche Stecker nicht handelsüblich sind, werden im vorliegenden Entwurf die Schnittstellen nach Funktion getrennt auf der Trägerplatine im Modulraster implementiert. Dabei wird sich zu Nutze gemacht, dass die Integrationsdichten außerhalb des Gruppenstrahlers reduziert werden können. So kann z.B. der Lokaloszillator durch ein Kabel an den Rand des Gruppenstrahlers geführt und dort eingespeist werden. Auf diese Weise können Lokaloszillator und Zwischenfrequenzsignale dezentral weiterverarbeitet werden. Die Spannungsversorgung der Module erfolgt über quer angebrachte Leiterplatten. Die Wärmeleitrohre werden in flüssiggekühlte Wärmesenken gesteckt und verbinden so die Kühlkreisläufe der Trägerplatine und der Module. Weitere Module lassen sich einfach an die Spannungsversorgung, an die Wärmesenken und an die dezentral verkabelten LO- und ZF-Netzwerke anbinden. Durch die Vielfalt an Implementierungsmöglichkeiten, die sich aus den planar gesteckten und senkrecht geführten Schnittstellen ergeben, sind unterschiedlichste Umsetzungen der Trägerplatine denkbar.

3.6 Fazit

Die Integrationsdichte eines Mehrlagenaufbaus mit Weichsubstraten wird entscheidend durch die Anzahl an Via-Kontaktierungen bestimmt. Im starren Mehrlagenaufbau bedeutet eine hochintegrative Umsetzung daher eine hohe Anzahl an Lagen aufgrund entsprechend vieler Kontaktierungen. Der neue starr-flexible Ansatz umgeht dieses Dilemma, indem die für Antennenarrays limitierte Modulfläche vergrößert und in Ebenen zusammengefaltet werden kann. Die Hochfrequenzschaltungen lassen sich so mit Mikrostreifenleitungen effizient umsetzen. Passive Strukturen wie Filter lassen sich einfach auf den flexiblen Bereichen implementieren, ohne die Integrationsdichten der MMICs zu berühren. Der diskutierte Einzelstrahlerentwurf zeigt, wie sich mit dem starr-flexiblen Lagenaufbau ein breitbandig niedriges Achsenverhältnis realisieren lässt. Der Architekturansatz mit gefalteten Lagen vereint weiterhin vielfältige Kühlungs- und Kapselmöglichkeiten sowie Schnittstellenanbindungen. Die Integrationsdichten übertreffen die von herkömmlichen planaren Architekturen, so dass sich aktive Antennenarrays mit Polarisationsmultiplex umsetzen lassen. Eine Charakterisierung der Multiplexfähigkeit des Antennenmoduls findet am voll funktionsfähigen Modul statt und ist schließlich Gegenstand des letzten Kapitels.

Kapitel 4

Charakterisierung des Antennenmoduls

In diesem Kapitel wird die Funktionalität des Polarisationsmultiplex eines gefertigten Antennenmoduls untersucht. Dabei greifen alle bisher betrachteten, entwickelten, vermessenen und gefertigten Elemente ineinander bis schließlich das Polarisationsmultiplex eines vollständigen Antennenmoduls erfasst und in Hinblick auf die starr-flexible Architektur bewertet werden kann. Es werden sowohl die Richtdiagramme der einzelnen Arrayelemente als auch die Summendiagramme für beide Polarisationen untersucht. Insbesondere das Summendiagramm erlaubt die für das Multiplex wichtige, direkte Betrachtung der Polarisationstrennung. Es werden Gründe für ein nicht ideales Trennverhalten im Zusammenhang mit dem starr-flexiblen Antennenmodul diskutiert. Das Kapitel gliedert sich in die Simulation und in die Messung des Moduls. Ein Vergleich im dritten Abschnitt zeigt, wie Verkopplungen der Elemente untereinander das Polarisationsmultiplex beeinflussen.

4.1 Simulation des Moduls

Die Simulation des Antennenarrays gibt ein Bild von der Polarisationstrennung, wie sie unbeeinflusst von Architektur, Aufbau- und Verbindungstechnik und Halbleitern vorläge. Die Vollwellensimulation des gesamten Moduls gestaltet sich prinzipiell aufwändig. Dieses liegt an dem ungünstigen Größenverhältnis von Modellgröße und kleinsten Strukturen. So weist das Schaltungsbild des hochfrequenten Teils Abmessungen von ca. 8 cm x 3 cm im entfalteten Zustand auf. Bei kleinsten Strukturen von 100 μm und einem mehrlagigen Aufbau mündet die Diskretisierung des gesamten Moduls in eine sehr hohe Anzahl an Zellen. Es bieten sich daher eine Unterteilung des Moduls und die separate Simulation der Teile an. Als Schnittstelle eignet sich der Übergang zu den MMICs, da hier in der Simulation ohnehin ein Eingangstor als repräsentative Eingangsimpedanz eines MMICs gesetzt werden muss. Abbildung 4.1 zeigt die Unterteilung des Moduls zur getrennten Simulation der Streuparameter. Der Teil des bloßen Antennenarrays beinhaltet dabei keine Massefläche für die Platzierung der MMICs und auch keine Mikrostreifenleitungen zu den Filtern, jedoch alle Lagen des Moduls. Die Simulation der HF-Stufe braucht nur die ersten beiden Kupferlagen berücksichtigen, da die hochfrequenten Netzwerke auf dem LCP allein auf Mikrostreifenleitungen beruhen - ein Vorteil, da sich sich die Simulationszeiten reduzieren.

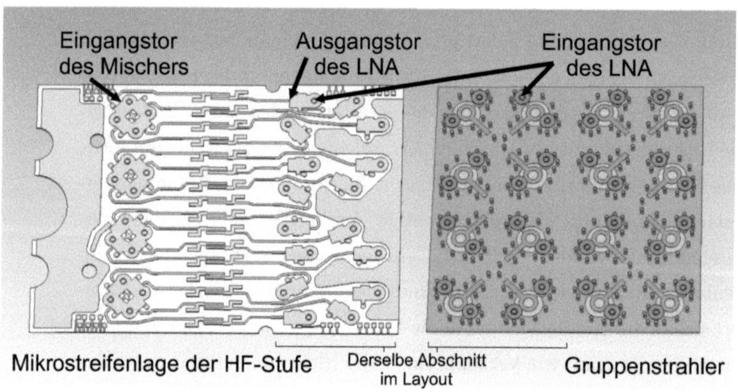

Abbildung 4.1: Unterteilung der Simulation des Moduls in Gruppenstrahler und HF-Stufe.

Die Simulation der HF-Stufe offenbart, dass es von den 2x16 Eingängen nur wenige, gravierende Verkopplungen auf die 2x16 Ausgänge gibt. Die maximale Verkopplung beträgt -17 dB und entspricht den Erwartungen bei verkoppelten Mikrostreifenleitungen mit geringem Abstand, wie er bei hohen Integrationsdichten vorliegt [138, 139]. Eine Auswahl einiger Streuparameter aus der

Simulation kann Abbildung 4.2 entnommen werden. Die Kanaltransmissionen und Anpassungen entsprechen der Charakteristik des Spiegelfrequenzfilters. Eine quantitative Verteilung der Verkopplungen ist im Histogramm der Abbildung 4.3 für Werte größer als -30 dB gezeigt.

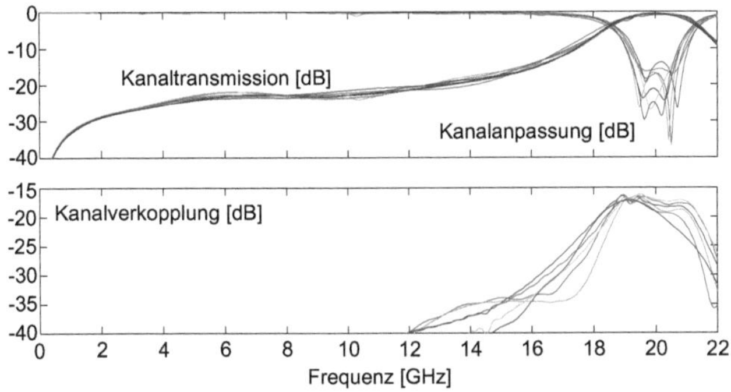

Abbildung 4.2: Auswahl simulierter S-Parameter der HF-Stufe.

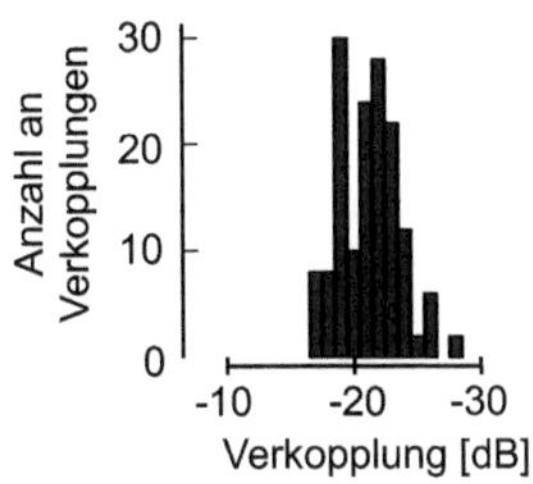

Abbildung 4.3: Histogramm der in der HF-Stufe simulierten Verkopplungen.

Gemäß Abb. 4.1 wird der Einfluss der Verkopplungen nur für Leitungen bei 20 GHz durchgeführt. Ein Einfluss bei der niedrigeren Zwischenfrequenz wurde vernachlässigt. Hintergrund dieser Vereinfachung ist die Annahme, dass Verkopplungen bei der Zwischenfrequenz deutlich geringer ausfallen und mit Via-Zäunen entsprechend gut unterdrückt werden können. Abb. 4.4 zeigt, wie sich die Kanalverkopplungen innerhalb des Moduls in der Simulation im Zwischenfrequenzbereich verteilen. Verglichen mit den Verkopplungen auf der HF-Stufe kann bei 1,855 GHz bei den meisten Kanälen eine Entkopplung besser als 30 dB erzielt werden. Nur wenige Kanäle sprechen mit maximal -24 dB auf einen benachbarten Kanal über. Hinsichtlich Kanalverkopplungen im Modul haben die Netzwerke der ZF-Stufe daher einen vernachlässigbaren Einfluss, der sich allmählich mit höheren Frequenzen relativiert. Bei 3 GHz steigt die maximale Verkopplung in der Simulation auf -22 dB an.

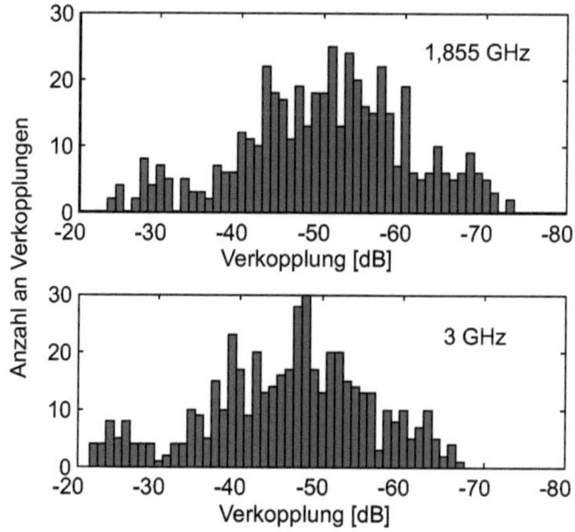

Abbildung 4.4: Histogramm der Verkopplungen im Modul bei der Zwischenfrequenz.

Im Idealfall sind die Richtcharakteristiken bei allen Einzelstrahlern gemäß Abschnitt 3.2 gleich. Aufgrund von Verkopplungen treten in den Richtcharakteristiken der Einzelstrahler jedoch Schwankungen auf. Abbildung 4.5 zeigt die simulierten Richtdiagramme der 16 Antennenelemente bei φ=0. Die Direktivitäten der Einzelstrahler variieren um ca. 3 dB. Eine solche Schwankung entspricht einem maximalen Störer von ca. -10 dB, der stark von Elevations- und Azimuthwinkel abhängig ist und aus den Nahfeldkopplungen der benachbarten Antennenelementen entsteht. Die kreuzpolare Unterdrückung verschlechtert sich ebenso und liegt in der Simulation bei ca. -15 dB. Diese Kopplungen ließen sich durch einen erhöhten Abstand der Elemente reduzieren. Eine solche Maßnahme greift jedoch erst bei deutlich erhöhten Abständen [140] und ist zudem nicht mit der Vermeidung parasitärer Hauptkeulen vereinbar.

Die Richtcharakteristiken der einzelnen Elemente werden in Betrag und Phase mit ihren Gewichtungskoeffizienten zum Summendiagramm überlagert (siehe Abschnitt 1.1.1). Die Amplituden der Gewichtungskoeffizienten werden dem

Idealfall entsprechend zu „eins“ angesetzt. Die Überlagerung kommt einer Mittelung der nicht idealen Einzelcharakteristiken gleich, bei der die kreuzpolare Komponente aufgrund der sequentiellen Rotation in Hauptstrahlrichtung stark unterdrückt wird. Das Summendiagramm bei φ=0 ist in Abbildung 4.6 nur für das Array (nur der rechte Teil in Abb. 4.1) und für den gesamten hochfrequenten Teil des Moduls (gesamtes Leiterbild gemäß Abb. 4.1) dargestellt.

Das Achsenverhältnis beträgt nur 0.14 dB und wird durch die Verkopplungen der HF-Stufe nur geringfügig für LHCP-Polarisation gestört. Der Einfluss der HF-Stufe auf die RHCP-Polarisation ist im Diagramm nicht zu erkennen. Insgesamt führen die Verkopplungen in den Filterstrukturen und Zuleitungen auf der Mikrostreifenlage zu keiner relevanten Änderung des Summendiagramms. Aus den Simulationen lassen sich die Schlüsse ziehen, dass der Einfluss der Nahfeldkopplung in der umgesetzten Anordnung nicht grundsätzlich die Anforderungen an eine hohe Unterdrückung der Kreuzpolaren in Hauptstrahlrichtung einschränkt. Weiterhin wirken sich in der Simulation die Verkopplungen in der Mikrostreifenlage nicht merklich auf das Summendiagramm des Moduls aus. Bezogen auf das Antennenarray ist die Funktion des Polarisationsmultiplex für den Entwurf damit nachgewiesen.

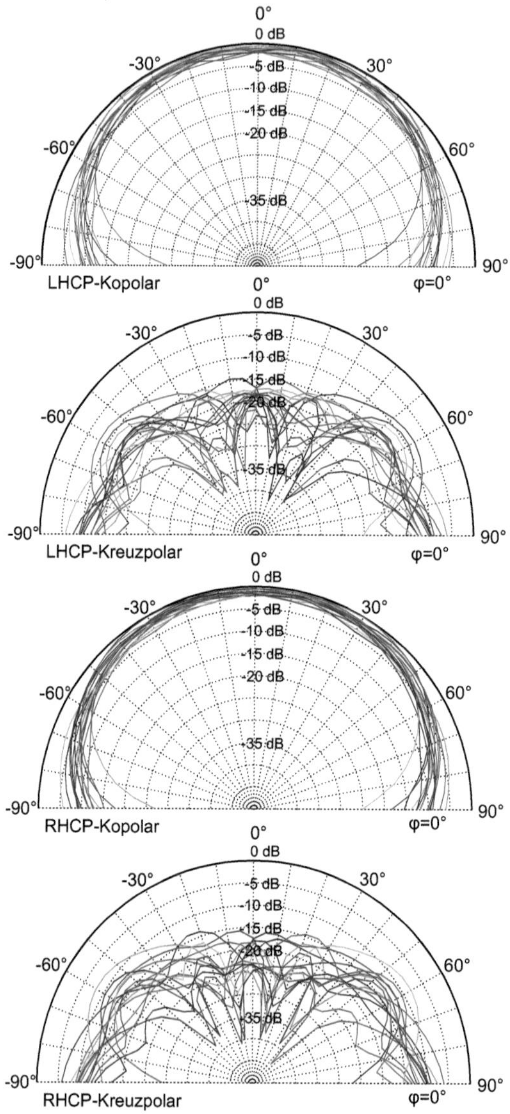

Abbildung 4.5: Simulation der Richtdiagramme der Einzelstrahler im 4x4-Gruppenstrahler.

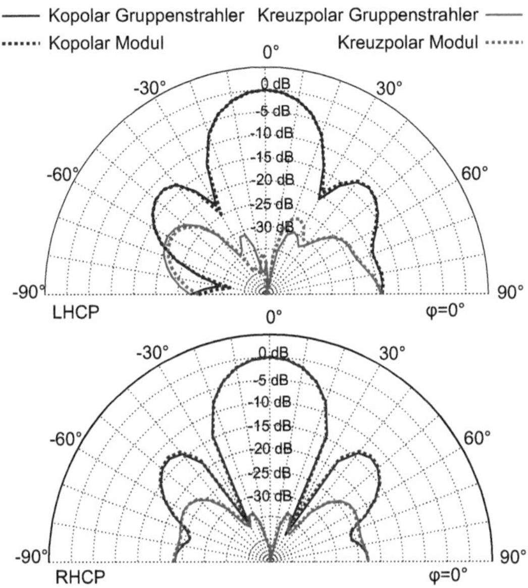

Abbildung 4.6: Simulation des Summendiagramms des 4x4-Gruppenstrahlers mit und ohne Modulverkopplungen.

4.2 Messung des Moduls

Die Bestimmung der Richtcharakteristik des 4x4-Moduls kann durch Messung des Summendiagramms oder der Einzeldiagramme erfolgen. Die Bildung des Summendiagramms setzt voraus, dass die Signale der Einzelelemente entweder schaltungstechnisch zusammengeführt werden oder gemäß dem DBF-Prinzip digital abgetastet und überlagert werden. Beide Möglichkeiten erfordern aufwändige Schaltungen, die zusätzliche Verkopplungen verursachen, wie im nächsten Abschnitt noch erläutert wird. Bei einer digitalen Abtastung wird weiterhin eine Frequenzumsetzung ins Basisband notwendig, um der meist limitierten Eingangsbandbreite herkömmlicher Analog-Digital-Wandler gerecht zu werden.

Wird die Richtcharakteristik jedes einzelnen Antennenelementes gemessen, vervielfacht sich der Messaufwand um die Anzahl an Elementen und Polarisationen. Die parallele Messung mit z.B. einem 32-Kanal-Empfänger ist allerdings keine Standardkonfiguration von Antennenmesseinrichtungen. Damit das Summendiagramm später richtig in Betrag und Phase gebildet werden kann, muss die Phase des Messaufbaus starr bleiben - ein Problem, dass gerade bei langen Messzeiten relevant werden kann. Driftet die Phase der Signalgeneratoren während der Messdauer, stimmt der relative Phasenbezug der Elemente im Gruppenstrahler nicht mehr. Dabei wirkt sich ein Langzeitphasendrift nicht auf die kopolare Charakteristik aus, da die relativen Phasen der Elemente zueinander im Zuge der digitalen Phasenschiebung für die Kopolare nachträglich angeglichen werden. Dieses gilt jedoch nicht für die Kreuzpolare. Der ungünstigste Fall hinsichtlich der Kreuzpolarunterdrückung entstünde bei einer Phasendrift, die genau der sequentiellen Rotation des Elementes entspräche. Unter dieser hypothetischen aber nicht sehr wahrscheinlichen Annahme entspricht das Achsenverhältnis des unverkoppelten Gruppenstrahlers dem des Einzelstrahlers (siehe auch 1.3.2).

Aufgrund des nicht verfügbaren Mehr-Kanal-Empfängers wird in dieser Arbeit die sequentielle Vermessung der Einzelelemente in Betrag und Phase verfolgt. Kern des Messaufbaus bildet ein Netzwerkanalysator, dessen Tore mit einer Sendeantenne und dem zu messenden Empfangselement verbunden sind. Als Messgröße wird der komplexe Transmissionsparameter verwendet. Weil sich die Sendefrequenz bei 20 GHz von der Empfangsfrequenz bei 1,855 GHz unterscheidet, wird das Sendsignal mit einem subharmonischen Mischer von 1,855 GHz auf 20 GHz umgesetzt. Der für diesen Mischprozess eingesetzte Lokaloszillator wird über einen Leistungsteiler auch für die Frequenzumsetzung in der HF-Stufe verwendet. Ein Phasendrift des Lokaloszillators wirkt sich so gleichermaßen auf den Sender und den Empfänger aus und nicht auf den Transmissionsparameter. Weiterhin befinden sich Verstärker und Dämpfungsglieder im Sendepfad, um die Übertragungsverluste der Fernfeldstrecke zu kompensieren und adäquate Leistungspegel am Eingang des Netzwerkanalysator zur Verfügung zu stellen. Abbildung 4.7 skizziert den Messaufbau.

Die Sendeantenne besteht aus einem Rundhorn mit Polarisator zur Bereitstellung beider zirkularen Polarisationen. Der Sendegewinn beträgt ca. 20 dBi. Der

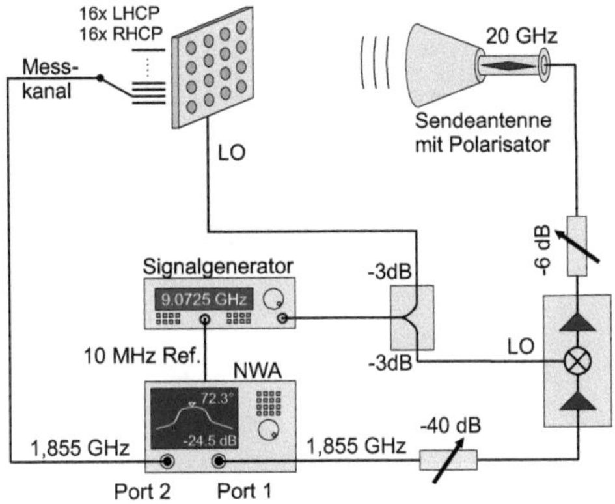

Abbildung 4.7: Frequenzumsetzende Transmissionsmessung der Empfangskanäle.

Abstand der Antennen beträgt 1 m. Die 32 Ausgänge des starr-flexiblen Moduls werden mit einer Adapterplatine auf koaxiale Stecker geführt. Die Spannungsversorgung der MMICs erfolgt nach Verstärker und Mischer getrennt. Die Leistungsaufnahme des gesamten Moduls beträgt dabei 8,7 W. Zur Wärmeabfuhr enden die Wärmeleitrohre des Moduls in einer wassergekühlten Metallplatte. Abbildung 4.8 veranschaulicht den gesamten Aufbau.

Die gemessenen Richtdiagramme der Einzelkanäle sind in Abbildung 4.9 für einen Azimut-Schnitt bei φ=0° aufgetragen [141]. Vor der Messung wird der einwandfreie Betrieb aller Halbleiter durch Messung der Stromaufnahme jedes einzelnen MMICs sichergestellt. Im kopolaren Diagramm bei rechts-zirkularer Polarisation ist beispielhaft das Messergebnis eines fehlerhaften Kanals gezeigt, bei dem sich ein Bonddraht gelöst hat. Zur Reparatur wird das Modul demontiert, entfaltet und der Bonddraht ersetzt. Nach dem Zusammenfalten zeigt der Kanal einen zu den anderen Kanälen vergleichbaren Verlauf.

Anhand dieses aus der Praxis geschilderten Ereignisses wird ein wesentlicher innovativer Bestandteil der starr-flexiblen Architektur deutlich: Die im Modulaufbau integrierten Komponenten wie die MMICs, die Wärmesenken oder die Drahtverbindungen sind für Reparaturen oder Kontrollen zugänglich.

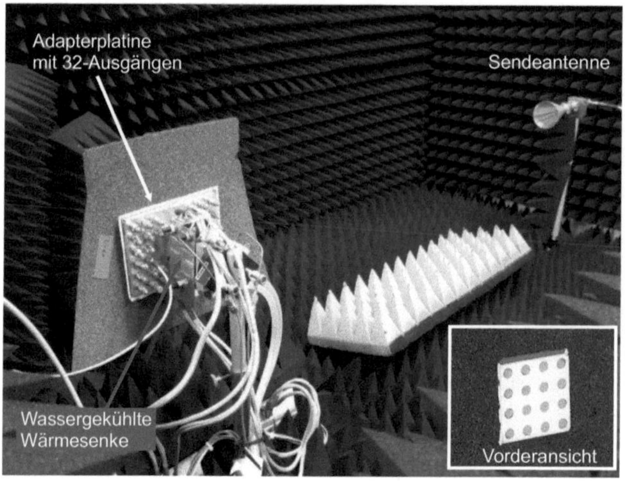

Abbildung 4.8: Messaufbau zur Bestimmung der Richtcharakteristik.

Die gemessenen kopolaren Diagramme zeigen gegenüber der simulierten Charakteristik eine um ca. 3 dB erhöhte Schwankung in Hauptstrahlrichtung. Diese Schwankung ist auf Streuungen im Übertragungsverhalten der MMICs zurückzuführen. Die kreuzpolaren Verläufe sind in ihrem Pegel erkennbar höher als in der Simulation. Die Unterdrückung der kreuzpolaren Anteile fällt bei den Einzelstrahlern demnach in Hauptstrahlrichtung um ca. 7 dB geringer aus als simuliert. Auffällig ist zudem, dass sich der ursprüngliche Verlauf der Kreuzpolaren bei vielen Einzelstrahlern dem Verlauf der kopolaren Diagramme annähert. Dieses wird an den fehlenden charakteristischen Nullstellen der Kreuzpolaren (siehe Abb. 3.12) deutlich. Auch sind die Schwankungen in der Kopolaren über dem Elevationswinkel höher als in der Simulation des Arrays unter Berücksichtigung der Nahfeldverkopplung zu beobachten ist. Der Vollständigkeit halber sind im Anhang A.4-A.5 weitere Messungen unter den Azimutwinkeln $\varphi = 45°$ und $\varphi = 90°$ zu finden.

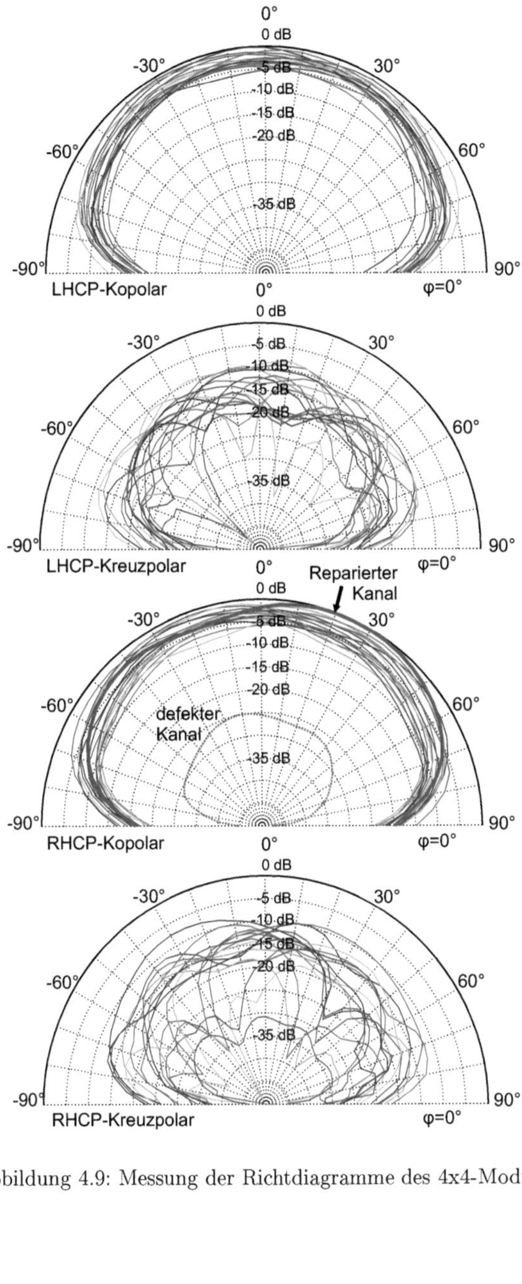

Abbildung 4.9: Messung der Richtdiagramme des 4x4-Moduls.

Die einzelnen Richtdiagramme werden in Hauptstrahlrichtung konstruktiv überlagert. Die Kalibrierwinkel lassen sich nun nicht mehr allein aus der rotierten Anordnung der Einzelstrahler ableiten. Die unterschiedlichen Leitungslängen eines jeden Kanals im Modul müssen zusätzlich berücksichtigt werden. Die Phasen der kopolaren Ausgangssignale in Hauptstrahlrichtung des Gruppenstrahlers sollen hier für eine einfache Kalibrierung genügen. Zu beachten ist, dass die kreuzpolaren Ausgangssignale den gleichen Phasenkorrekturen wie die Kopolaren an einem Tor unterliegen. Folglich wirkt sich die Phasenbelegung einer Kalibrierung auch immer auf das kreuzpolare Summendiagramm aus. Wie das Summendiagramm in Abbildung 4.10 offenbart, erfährt die Kreuzpolare eine erhebliche konstruktive Überlagerung und zeigt deutlich den Einfluss des Arrayfaktors, wie er auch bei der Kopolaren in Erscheinung tritt. Damit zeigt das gemessene kreuzpolare Richtdiagramm ein anderes Verhalten als in der Simulation. In der Messung wirkt sich die Unterdrückung der Kreuzpolaren durch die sequentielle Rotation weniger effektiv aus als in der Simulation. Die gemessene Kopolare hingegen stimmt gut mit der Simulation überein. Die gemessenen Diagramme bei $\varphi = 45°$ und $\varphi = 90°$ sind im Anhang A.6-A.7 dargestellt.

Als mögliche Ursachen für den Anstieg der Kreuzpolaren können prinzipiell folgende Punkte genannt werden:

- **Reflexionen am Messaufbau, die eine Kreuzpolare erzeugen.** Reflexionen werden durch eine sorgfältige Abdeckung der Messumgebung mit Absorbern minimiert. Die Reflektivität der verwendeten Absorber liegt zudem deutlich unter der Kreuzpolarunterdrückung des Einzelstrahlers. Durch den Messaufbau hervorgerufene, kreuzpolar einfallende Wellen der Sendeantenne treten nicht in Haupstrahlrichtung, sondern unter einem anderen Winkel auf, so dass die Kreuzpolare im Richtdiagramm nicht im gleichen Maße wie die Kopolare ansteigt. Gegen Reflexionen am Messaufbau spricht auch die gute Übereinstimmung von Simulation und Messung des Einzelstrahlers.

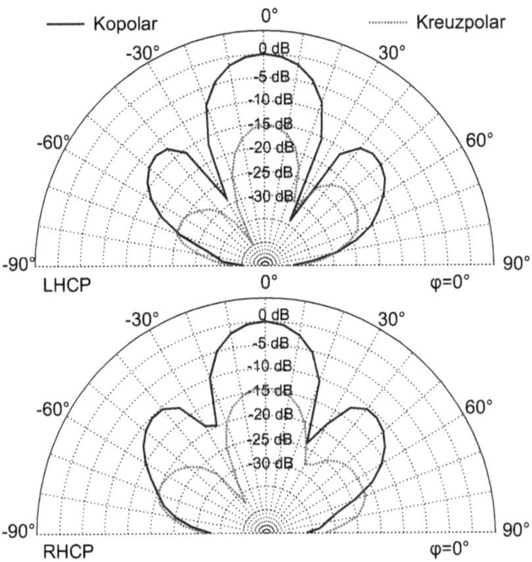

Abbildung 4.10: Messung der Summendiagramme des 4x4-Gruppenstrahlers.

- **Systeminhärente Kreuzpolare in der Sendeantenne.**
  Mit einer von der Sendeantenne abgestrahlten Kreuzpolaren ließen sich die Richtdiagramme durchaus erklären. In diesem Fall entspräche das gemessene Achsenverhältnis dem der Sendeantenne. Da eine kommerzielle, eingemessene Standardhornantenne verwendet wurde, ist dieser Fall jedoch auszuschließen. Auch lässt sich ein solcher Effekt bei der Messung des Einzelstrahlers nicht beobachten.

- **Verkopplungen innerhalb des Antennenmoduls.**
  Dieser Aspekt lässt sich nicht ohne weiteres von der Hand weisen. Aufgrund der hohen Anzahl an Kanälen und der hohen Integrationsdichte erscheinen Verkopplungen unter den einzelnen Kanälen am wahrscheinlichsten, auch wenn die Simulationen ein anderes Bild abgeben. Den Verkopplungen ist der folgende Abschnitt gewidmet, der den Zusammenhang zwischen dem Anstieg der Kreuzpolaren im Summendiagramm und dem Übersprechen im Antennenmodul untersucht.

4.3 Einfluss von Verkopplungen

Verkopplungen zwischen den einzelnen Elementen eines Gruppenstrahlers stellen einen eigenen Themenkomplex in der Untersuchung von Gruppenantennen dar. Im Rahmen dieser Arbeit wird ein Zusammenhang zwischen Verkopplungen und Polarisationsmultiplex gesucht, der eine mögliche Erklärung für den Anstieg der Kreuzpolaren liefert. Polarisationsmultiplex spielt in diesem Zusammenhang eine besondere Rolle, da es um das Übersprechen nicht nur zwischen gleichen, sondern auch verschiedenen Polarisationen geht. Zur Untersuchung wird auf eine gängige Matrizenbeschreibung der Verkopplungen zurückgegriffen, welche die idealen Richtcharakteristiken mit den verkoppelten Signalausgängen verknüpft [142, 143, 144]. Abbildung 4.11 skizziert die Leistungspegel benachbarter Kanäle mit ko- (Co) und kreuzpolaren (X) Signalen. Im Diagramm wird von gleichen Antennenelementen ausgegangen, welche kreuzpolare Signale um den Faktor XPD (engl. *cross-polar discrimination*) unterdrücken ($XPD \leq 1$). G_{C1} und G_{X1} repräsentieren die Gewinne der Chipsätze des ersten kopolaren bzw. kreuzpolaren Kanals. C_{XiCj} steht für das Übersprechen des kopolaren Signals (Index „C“) vom j-ten Antennenelement auf den kreuzpolaren Ausgang (Index „X“) des i-ten Antennenelementes.

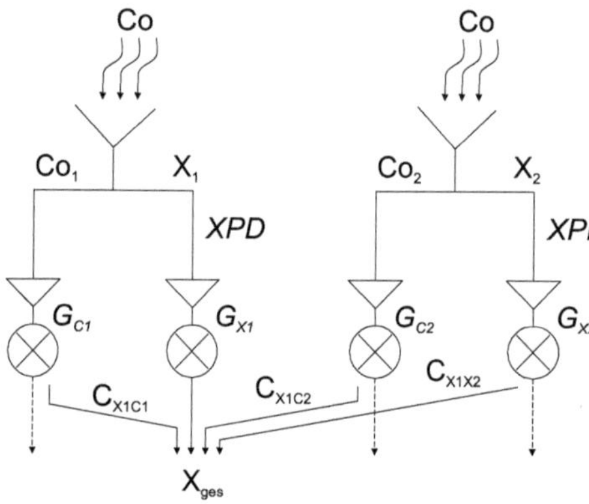

Abbildung 4.11: Überkopplungen Ko- und Kreuzpolarer Signale auf einen kreuzpolaren Ausgang.

Geht man von einem ordnungsgemäßen Betrieb des Antennenmoduls aus, ist von geringfügigen Schwankungen unter ähnlichen Faktoren, z.B. den Gewinnen der Chipsätze, auszugehen. In diesem Fall lassen sich Verkopplungen zwischen kreuzpolaren Kanälen C_{XiXj} vernachlässigen, da solche Verkopplungen durch zwei Faktoren - die kreuzpolare Unterdrückung XPD und den Koppelfaktor C - gedämpft werden. Das kreuzpolare Ausgangssignal X_{ges} bildet sich aus der Überlagerung des eigenen kreuzpolaren Anteils mit den übersprechenden kopolaren Signalanteilen. Bei gleichem Gewinn der Chipsätze unterscheiden sich die Anteile in ihrem Pegel entsprechend der Differenz der logarithmischen Faktoren XPD und C_{XiCj}. Liegen beide Faktoren in der gleichen Größenordnung, wird die Kreuzpolare nicht mehr nur durch das Achsenverhältnis des Einzelstrahlers, sondern auch durch die Überkopplungen der kopolaren Kanäle geprägt. Dieses erklärt auch, warum die sequentielle Rotation der Elemente nicht zwangsläufig zu einer Unterdrückung der Kreuzpolaren in Hauptstrahlrichtung führt. Die Verkopplungsproblematik der Kreuzpolaren tritt jedoch nur bei Polarisationsmultiplex auf, da nur hier Verkopplungen unter orthogonalen Polarisationen im Modul auftreten können. Bei einfachem Polarisationsbetrieb liegen nur Verkopplungen C_{CiCj} zwischen gleich polarisierten Kanälen vor. Im Umkehrschluss lässt sich fordern, dass die Koppelfaktoren C_{XiCj} deutlich kleiner als die kreuzpolarer Unterdrückung XPD sein müssen, damit der Einfluss von Verkopplungen gegenüber der Kreuzpolarunterdrückung der Antenne vernachlässigbar wird. Diese Anforderung an die Entkopplung verschärft sich, wenn zudem Schwankungen G_{Xi}/G_{Cj} unter den Kanalverstärkungen auftreten. Insgesamt lässt sich für kreuzpolarisierte Verkopplungen benachbarter Kanäle fordern:

$$C_{XiCj} << XPD \cdot \frac{G_{Xi}}{G_{Cj}}. \tag{4.1}$$

Dieser einfache Zusammenhang macht deutlich, dass Schwankungen der Halbleiter sowie der Aufbau- und Verbindungstechnik vor etwaigen Verkopplungen durch z.B. variierbare Dämpfungsglieder oder Verstärker kompensiert werden sollten. Erhöhen sich jedoch die Schwankungen in den Kanalverstärkungen lassen sich die Anforderungen an eine gute kreuzpolare Entkopplung immer schwieriger umsetzen. Bereits der Einzelstrahler zeigte eine kreuzpolare Unterdrückung von ca. 25 dB. Zusammen mit den gemessenen Kanalschwankungen von ca. 5 dB wird nach Glg. 4.1 eine deutlich bessere Kanalentkopplung als 30 dB verlangt, die jedoch selbst in der Simulation mit überwiegend 20 dB nicht erreicht wird. Obwohl die geforderte Entkopplung weder von der Simulation noch von der Messung erfüllt wird, bringt dieses bei der Simulation interessanterweise keine Anhebung der Kreuzpolaren mit sich. Um diesen Sachverhalt aufzuklären muss die Verteilung aller Verkopplungen betrachtet werden.

Wie sich Verkopplungen in einem komplexen Modulaufbau verteilen, lässt sich nur schwerlich kontrollieren. Auch wenn eine geringe Verkopplung im Entwurf angestrebt wird, sind Verkopplungen zwischen Kanälen aufgrund der hohen Integrationsdichte nicht gänzlich zu vernachlässigen. Im Allgemeinen sind Verkopplungen zwischen beliebigen Kanälen denkbar, so dass eine statistische Verteilung zugrunde gelegt werden kann. Zur Untersuchung des Einflusses der Verkopplungen auf die Kreuzpolare wird eine zufällige Verkopplung unter den 32 Signaleingängen der Antennenelemente und den 32 Signalausgängen eines 4x4 Antennenmoduls angenommen (16 Kanäle je Polarisation). Weiterhin lässt sich fordern, dass die Amplituden der Verkopplungen einen bestimmten Wert nicht überschreiten. Ansonsten würde eine normalverteilte Amplitudenbelegung auch unrealistische hohe Verkopplungen zulassen. Auf der anderen Seite wird es auch sehr geringe Verkopplungen zwischen bestimmten Kanälen geben, deren Einfluss vernachlässigbar ist. Bezüglich der Phase wird hier bei Verkopplungen von keiner Vorzugsrichtung ausgegangen. Insgesamt basiert die zufällige Generierung von Verkopplungen auf folgenden Annahmen:

- Zwischen den 32 Ein- und Ausgängen sind 32^2 Verkopplungen möglich, von denen aber nur ein Bruchteil n ins Gewicht fällt. Bei der Generierung wird eine Verkopplungsmatrix $|C|$ erstellt, die gerundet $n \cdot 32^2$ Verkopplungen ungleich null mit n=[0..1] enthält.[1]
- Die Beträge der Verkopplungen sind zwischen den Werten 0 und einer maximalen Verkopplung C_{max} gleichverteilt.
- Die Phasen der Verkopplungen sind zwischen $\pm\pi$ gleichverteilt.

[1]Die ungewöhnliche Beschreibung ganzzahliger Verkopplungen über einen positiven reellen Faktor n beruht auf der Matlab-Routine "*sprand*"[145], die hier verwendet wurde.

Unter diesen Annahmen wird eine zufällige Verkopplungsmatrix erzeugt, welche die 32 Signaleingänge der 16 Antennenelemente für beide Polarisationen auf 32 Ausgänge abbildet. Im unverkoppelten Fall entspräche die Verkopplungsmatrix einer Einheitsmatrix mit 32x32 Elementen. Die Eingangssignale der 16 Antennenelementen sind proportional zu den Richtcharakteristiken der Einzelstrahler und damit von den Winkeln θ, φ und der Polarisation abhängig. Aus der Simulation des Gruppenstrahlers werden die Amplituden und Phasen der Signale an den Speisepunkten der Einzelstrahler entnommen, wenn eine ebene Welle mit zirkular polarisiertem Feld auf das Antennenmodul unter dem Winkel (θ, φ) einfällt. Diese der Simulation entnommenen 32 komplexen Koeffizienten je Einfallswinkel werden in einen Spaltenvektor $(a^{L,R}(\theta, \varphi))$ übertragen. Der hochgestellte Index L bzw. R gibt dabei an, ob es sich bei der Einfallenden um eine links- oder rechts-zirkular polarisierte Welle handelt. Die Koeffizienten entsprechen den Amplituden und Phasen der Signale an den Eingängen der rauscharmen Verstärker. Die Verkopplungsmatrix $|C|$ bildet diese Koeffizienten auf die 32 Ausgänge des Antennenmoduls ab und synthetisiert so eine mögliche Verkopplung in der HF-Stufe. Anschließend findet eine gewichtete Überlagerung der Einzelkanäle statt. Die Phasen der Gewichtungskoeffizienten sind so gesetzt, dass sich die verkoppelten Signale in die Hauptstrahlrichtung $\theta_0 = 0, \varphi_0 = 0$ konstruktiv überlagern. Je nach gewünschter zirkularer Polarisation fließen dabei nur die kopolarisierten 16 Kanäle in die Summenbildung ein, indem die entsprechenden Gewichtungskoeffizienten der kopolaren Kanäle zu Eins und die der kreuzpolaren Kanäle zu Null gesetzt werden. Die Gewichtungskoeffizienten werden als transponierter Spaltenvektor $(b^{R,L}(\theta_0, \varphi_0)$ mit dem Produkt von $|C|(a^{L,R}(\theta, \varphi))$ für jeden Einfallswinkel θ, φ multipliziert. Auch hier gibt der Index L, R an, ob links- oder rechtszirkular einfallende Wellen konstruktiv gewichtet werden. Je nach einfallender Polarisation und Gewichtung ergeben sich die vier Summensignale für kopolare und kreuzpolare Polarisationen des gesamten Moduls. Abbildung 4.12 verdeutlicht die mathematische Berechnung dieser Summensignale mit zufällig generierter Verkopplungsmatrix.

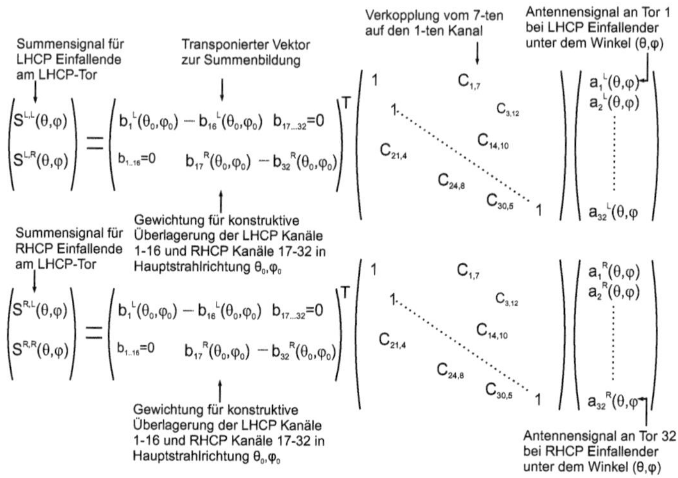

Abbildung 4.12: Berechnung des Summensignals aus verkoppelten Einzelstrahlern.

Die Gewichtungskoeffizienten werden wie folgt angesetzt:

$$
\begin{aligned}
arg(b_j^L(\theta_0,\phi_0)) &= -arg(\textstyle\sum_{i=1}^{32} C_{j,i} a_i^L(\theta_0,\phi_0)) \quad j = 1..16,\\
|b_j^L(\theta_0,\phi_0)| &= 1 \quad j = 1..16,\\
|b_j^L(\theta_0,\phi_0)| &= 0 \quad j = 17..32,\\
arg(b_j^R(\theta_0,\phi_0)) &= -arg(\textstyle\sum_{i=1}^{32} C_{j,i} a_i^R(\theta_0,\phi_0)) \quad j = 17..32,\\
|b_j^R(\theta_0,\phi_0)| &= 0 \quad j = 1..16,\\
|b_j^R(\theta_0,\phi_0)| &= 1 \quad j = 17..32.
\end{aligned}
\tag{4.2}
$$

Je nach Phase der zufällig generierten Einträge in der Verkopplungsmatrix kann es dabei zu einer konstruktiven oder destruktiven Überlagerung der kreuzpolaren Signale in Hauptstrahlrichtung kommen. In Abbildung 4.13 (oben) sind beispielhaft zwei Fälle herausgegriffen, bei denen es trotz ähnlichen Verkopplungsverhaltens zu sehr unterschiedlichen Kreuzpolaren kommt. In beiden Fällen wurde die Ko- und Kreuzpolare unter Annahme einer Verkopplungsmatrix mit 32^2 Verkopplungen, deren Verkopplung max. -15 dB mit gleichverteilter Amplituden- und Phasenwahrscheinlichtkeit beträgt, berechnet. In dem einen Fall führen die Verkopplungen zu einer destruktiven Überlagerung der kreuzpolaren Signale, während sich in dem anderen Fall die komplexen Verkopplungsfaktoren $C_{i,j}$ konstruktiv überlagern. Die kreuzpolare Unterdrückung variiert um nahezu 15 dB. Das abgebildete Histogramm Abb. 4.13 (unten) veranschaulicht die Verteilungsdichte der kreuzpolaren Unterdrückung bei 1000 Stichproben zufällig gleichverteilter, voll besetzter Verkopplungsmatrizen mit einer maximalen Verkopplung von -15 dB. Die Verteilungsdichte im Histogramm lässt sich durch eine logarithmische Verteilungsfunktion darstellen.

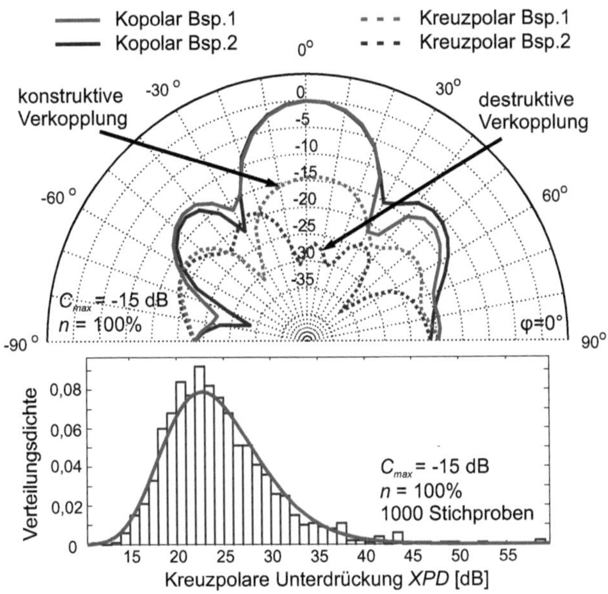

Abbildung 4.13: Fallbeispiele der Kreuzpolaren bei zufällig gleichverteilter, voll besetzter Verkopplungsmatrix mit maximaler Verkopplung von -15 dB (oben). Verteilungsdichte der resultierenden kreuzpolaren Unterdrückung XPD mit logarithmisch normalverteilter Verteilung (unten).

Eine voll besetzte Verkopplungsmatrix muss nicht zwangsläufig vorliegen. In der Praxis koppelt ein Kanal meist auf benachbarte und weniger auf entfernte Kanäle über. Die Anzahl an Verkopplungen kann daher auf einen Bruchteil reduziert werden. Abbildung 4.14 skizziert die Abhängigkeit der kreuzpolaren Unterdrückung von der maximalen Verkopplung bei unterschiedlicher Besetzungsdichte der Verkopplungsmatrix. Der Erwartungswert und die Standardabweichung werden der entsprechenden logarithmischen Normalverteilung entnommen.

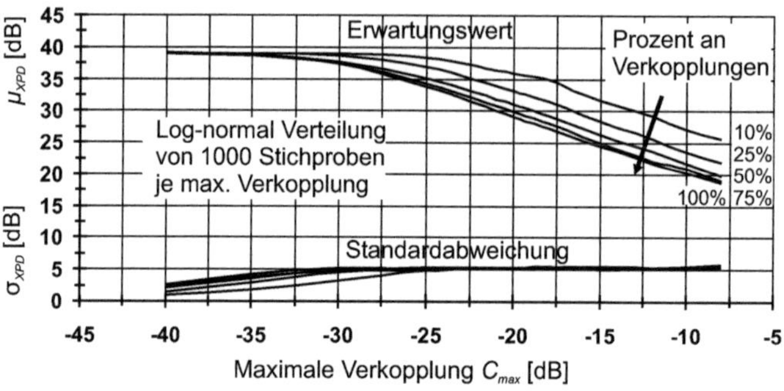

Abbildung 4.14: Erwartungswert μ_{XPD} und Standardabweichung σ_{XPD} der kreuzpolaren Unterdrückung bei unterschiedlicher maximaler Verkopplung C_{max} und Anzahl an Verkopplungen $n\cdot$32x32.

Wie zu erwarten steigt die Kreuzpolare mit zunehmender Verkopplung an. Bei dicht besetzten Matrizen (Besetzung der Verkopplungsmatrix von 75-100%) liegt die zu erwartende Kreuzpolare ca. 10 dB unter der maximalen Verkopplung und verbessert sich um 5-7 dB für dünner besetzte Matrizen (10% besetzte Verkopplungsmatrix). Mit zunehmend schwächerer Verkopplung nähert sich der Erwartungswert der inherenten Kreuzpolaren des unverkoppelten Gruppenstrahlers. Die Standardabweichung bleibt für stärkere Verkopplungen unverändert bei ca. 5 dB. Bei abklingenden Verkopplungen wirkt sich die statistische Schwankung gegenüber der inherenten Kreuzpolaren des Antennenmoduls kaum noch aus. Die Standardabweichung fällt daher ab. Die simulierten Verkopplungen der HF-Stufe bei 20 GHz reihen sich mit einem Erwartungswert von μ_{XPD}=21,3, einer Standardabweichung von σ_{XPD}=5,3 und einer maximalen Kopplung von C_{max}=-17 dB in die Statistik ein. Allein die relativ hohe Standardabweichung verdeutlicht die hohe Schwankungsbreite der Kreuzpolaren. Dieses ist letztlich auf die hohe Anzahl an Verkopplungen und deren konstruktive oder destruktive Überlagerung durch die Strahlformung des Arrays zurückzuführen. Selbst bei einer guten Entkopplung der Kanäle ist eine geringe kreuzpolare Unterdrückung möglich, auch wenn die phasenrichtige Überlagerung immer unwahrscheinlicher wird. Das simulierte Summendiagramm zeigt hier bei den im Entwurf vorliegenden Verkopplungen in der HF-Stufe einen geringen Einfluss auf die Kreuzpolare, das gemessene vollständige aktive Modul mit Testadapter hingegen nicht. Aufgrund der nur eingeschränkten Simulation, in der die Stecker, die MMICs und der Testadapter nicht mit berücksichtigt werden, liegt eine andere Verkopplungsmatrix als in der Messung vor. Damit lässt sich der Anstieg der Kreuzpolaren in der Messung durch die unterschiedlichen Verkopplungen erklären.

Zu Untermauerung dieser These gilt es eine Verkopplungsbelegung zu finden, die einen Zusammenhang zwischen simuliertem und gemessenem Summendiagramm herstellt. Dieser Zusammenhang ist über die Verkopplungsmatrix nach Gleichung 4.2 implizit gegeben. Die Bestimmung der Verkopplungsmatrix erfolgt durch ein iteratives Verfahren, das nach dem Gradientenverfahren die Einträge der Verkopplungsmatrix ermittelt, bei denen eine bestmögliche Annäherung der gemessenen Daten an die Simulation vorliegt. Die Amplitude eines Eintrages wird dabei zunächst geschätzt. Für verschiedene Phasen wird anschließend die Auswirkung des Eintrages auf das Summendiagramm berechnet. Mit dieser Vorgehensweise wird der Einfluss eines Eintrages auf das Summendiagramm ermittelt. Der Eintrag mit dem größten Einfluss wird anschließend in seiner Amplitude und Phase auf eine bestmögliche Annäherung der Messdaten an die Simulation abgestimmt. Diese Prozedur wird solange durchlaufen, bis mit den diskreten Amplituden und Phasen keine bessere Annäherung an die Simulation erreicht werden kann. Die Abbildungen 4.15 und 4.16 stellen die entkoppelten Summendiagramme der Messdaten der Simulation gegenüber. Ebenso wird das Histogramm der Verkopplungsmatrix in Abb. 4.17 gezeigt. Die Lösung weist eine maximale Verkopplung von $C_{max} = -13$ dB und verhältnismäßig viele Verkopplungen von ca. -15 dB auf, die den Verlauf der Kreuzpolaren beeinflussen. Diese höhere maximale Verkopplung lässt sich nicht aus der Simulation der HF-Stufe ableiten. Vielmehr wird die Ursache in den Steckern bei der Zwischenfrequenz gesehen, die mit einem sehr geringen Abstand von 0,5 mm zwischen den Anschlüssen nicht für höhere Frequenzen ausgelegt sind und zu einer schlechteren Entkopplung aller Kanäle beitragen.

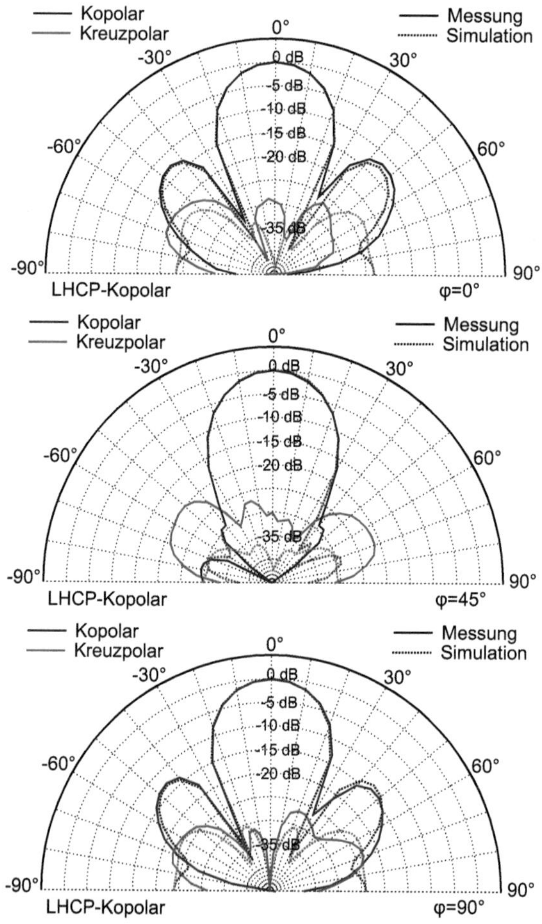

Abbildung 4.15: Entkoppelte LHCP-Summendiagramme der Messdaten verglichen mit der Simulation.

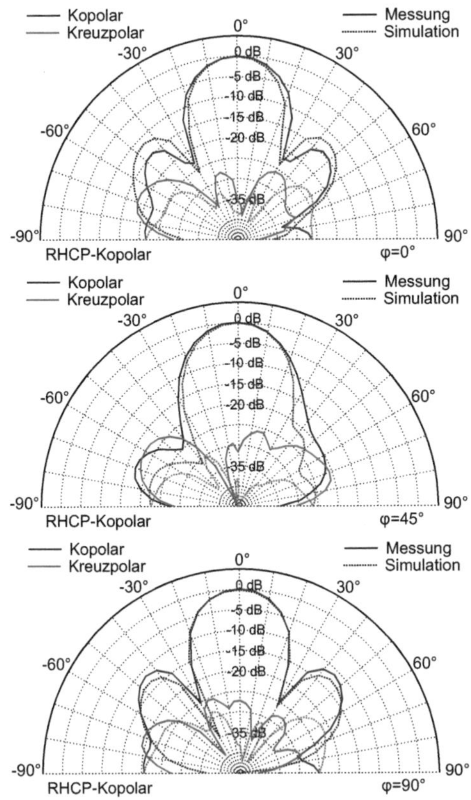

Abbildung 4.16: Entkoppelte RHCP-Summendiagramme der Messdaten verglichen mit der Simulation.

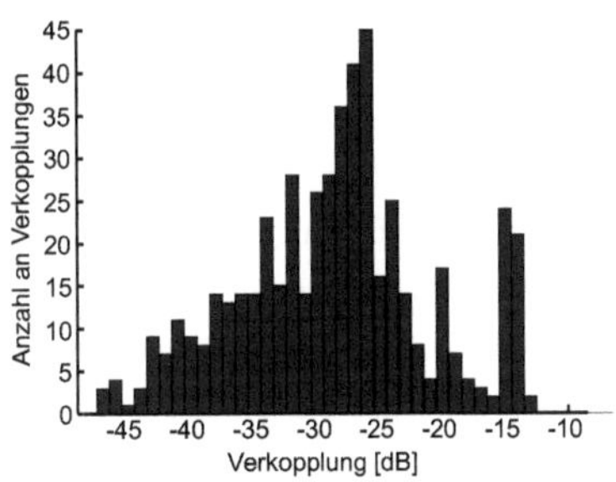

Abbildung 4.17: Histogramm der aus den Messdaten berechneten Verkopplungen bei Annäherung an die Simulation.

Aus den entkoppelten Summendiagrammen wird deutlich, dass mit der gefundenen Verkopplungsmatrix der erhebliche Anstieg der Kreuzpolaren erklärt werden kann. Ein exakter, messtechnischer Nachweis der Verkopplungen bleibt jedoch aus. Dieser kann prinzipiell zwar durchgeführt werden, da die erforderliche Messbarkeit der Streumatrix der aktiven HF-Stufe an der Schnittstelle der MMICs zu den Antennenelementen gegeben ist. Allerdings gestaltet sich die Messung im Ka-Band aufgrund der erforderlichen Abschlusswiderstände und der zahlreichen Messtore schwierig. Für eine kommerzielle Realisierung eines Antennenmoduls sind diese Messungen sicherlich unerlässlich. Im Sinne einer allgemeinen Bewertung des starr-flexiblen Mehrlagenverbunds liefert die statistische Betrachtung und approximierte Verkopplungsanalyse genügend Erkenntnisse, die abschließend zusammengetragen sind.

4.4 Fazit der Modulcharakterisierung

Der starr-flexible Mehrlagenverbund weist in der Modulcharakterisierung wesentliche Vorteile gegenüber gängigen planaren Architekturen auf. Erstens lassen sich auch komplexe Entwürfe durch die Faltung des LCP größtenteils in Mikrostreifenleitungstechnik realisieren. Dadurch vereinfacht sich der Entwurfs- und Simulationsaufwand, da sich das Leiterbild einfach in mehrere Segmente mit definierten Schnittstellen unterteilen lässt. Der vereinfachte Simulationsaufwand schlägt sich in einer hohen Zuverlässigkeit und Reproduzierbarkeit des sehr komplexen Leiterbildes nieder. Dieses wurde an den geringen Schwankungen der Richtdiagramme verdeutlicht. Zweitens erlaubt der starr-flexible Aufbau bisher unerreichte Integrationsdichten bei planaren Kachelarchitekturen, so dass sich erstmalig Polarisationsmultiplex mit einem Elementabstand einer halben Wellenlänge bei 20 GHz realisieren lässt. Drittens können fehlerhafte Halbleiter trotz Kapselung ersetzt werden, weil sich das Modul in seinen entfalteten Bestückungszustand zurückversetzen lässt. Dieses ist aufgrund der Vielzahl an Halbleitern eine notwendige Voraussetzung zur Erlangung eines fehlerfreien Moduls. Auch wird trotz der hohen Integrationsdichte eine separate Spannungsversorgung jedes Halbleiters ermöglicht, welches die Diagnose von fehlerhaften Kanälen vereinfacht.

Allerdings steigen beim Polarisationsmultiplex die Anforderungen an eine gute Kanalentkopplung, welches kein spezifisches Problem der starr-flexiblen Architektur ist. Verkopplungen zwischen Streifenleitungen können umso einfacher vermieden werden, je niedriger die Integrationsdichten sind. Hier bietet der starr-flexible Aufbau erhebliches Potenzial für zukünftige Entwicklungen. Auf die kopolare Richtcharakteristik übt die Kanalentkopplung einen geringen Einfluss aus. Hier zeigt sich eine gute Übereinstimmung von Simulation und Messung. Jedoch führen Verkopplungen zu einem Anstieg der Kreuzpolaren beim Multiplexbetrieb. Bezüglich der Verkopplungen wird für einen geringen Einfluss auf die Kreuzpolare gefordert, dass die Verkopplungen deutlich unterhalb der kreuzpolaren Unterdrückung des Einzelstrahlers liegen. Diese Forderung ist für eine wirkungsvolle Unterdrückung der Kreuzpolaren durch die sequentielle Rotation notwendig. Die statistische Analyse relativiert diese Aussage dahingehend, dass die Kreuzpolare bei zahlreichen Verkopplungen generell einer hohen Schwankung unterliegen kann. Selbst bei guter Entkopplung kann demnach eine ungünstige Phasenbelegung der Verkopplungen zu einem erheblichen Anstieg der Kreuzpolaren führen. Auf der anderen Seite muss eine eingeschränkte Entkopplung auch nicht zwangsläufig zu einem Anstieg der kreuzpolaren Komponente führen, wie in der Simulation gezeigt wurde.

Eine effektive Methode zur Verbesserung der Richtcharakteristik ist die Kompensation der Verkopplungen durch die inverse Verkopplungsmatrix, wie es für die Messung demonstriert wurde. Die Kompensation erfolgt dabei digital im Basisband anhand der inversen frequenzabhängigen Verkopplungsmatrix. Mit Kompensation wird eine sehr gute Übereinstimmung der Messung mit der Simulation erzielt.

Zusammenfassung und Ausblick

Das hohe Potenzial aktiver Gruppenstrahler für zukünftige, dynamisch agile Antennensysteme zusammen mit dem steigenden Bedarf an höheren Bandbreiten führt zu Integrationsdichten in der Aufbau- und Verbindungstechnik, die sich mit herkömmlichen Ansätzen nicht für die kommenden Frequenzen neuer Kommunikationssysteme realisieren lassen. Diese Arbeit stellt einen neuartigen Architekturansatz basierend auf einem starr-flexiblen Mehrlagenverbund mit flüssigkristallinem Polymer (LCP) vor. Dabei wurde das Ziel verfolgt, eine für planare Ansätze bisher unerreichte Integrationsfähigkeit der Antennenarchitektur am Beispiel des Polarisationsmultiplex bei 20 GHz zu erreichen. Die Untersuchungen erstreckten sich über unterschiedlichste Systemaspekte wie z.B. flexible Filter, Halbleiterintegration, Kühlkonzept, Einzelstrahlerentwurf bis hin zur Modulcharakterisierung.

Im ersten Kapitel wurden die für die Integrationsdichte entscheidenden Systemparameter für einen aktiven Gruppenstrahler mit Polarisationsmultiplex erörtert. Es wurde herausgearbeitet, dass die wesentliche Problematik herkömmlicher planarer Architekturen in den Übergängen zwischen den einzelnen Ebenen der Mehrlagenstruktur liegt, sobald die aktiven Schaltungselemente nicht mehr in einer Lage implementiert werden können. Dieses kann jedoch bei höheren Integrationsdichten zwangsläufig nicht vermieden werden und bringt die weitere Schwierigkeit einer geeigneten Kapselung der Halbleiter zwischen den Lagen mit sich. Der starr-flexible Aufbau umgeht dieses Dilemma, indem die limitierte Modulfläche vergrößert und in Ebenen zusammengefaltet werden kann. Die gebogenen Leitungen auf dem flexiblen LCP stellen hierbei die Signalanbindung der Ebenen sicher.

Der Einfluss von Biegungen auf Streifenleitungen bei Millimeterwellenlängen wurde im zweiten Kapitel analysiert. Gerade resonante Strukturen erfahren eine Frequenzverstimmung durch Stauchung und Streckung der Kupferkaschierung bei einer Biegung. Auch der Einfluss des Schutzlaminats wurde diskutiert und kann bei Filtern nicht vernachlässigt werden. Hier ändert sich die Mittenfrequenz deutlich und muss in der Simulation angepasst werden.

Die detaillierte Umsetzung der Integrationsaufgabe war Gegenstand des dritten Kapitels. Hier zeigte sich das Potenzial des starr-flexiblen Aufbaus in der Vielfältigkeit, mit der die unterschiedlichen elektrischen, thermischen und mechanischen Anforderungen umgesetzt werden können. Durch den zunächst ungefalteten, ebenen Aufbau werden ideale Bedingungen zur Herstellung, Assemblage und Validierung des Moduls geschaffen. Im gefalteten Zustand stehen durch die Kombination von senkrecht und planar geführten Leiterbahnen vielerlei Anschlussmöglichkeiten an eine Trägerplatine zur Verfügung, an welche das Modul angebunden wird. Dieses ist ein wichtiger Aspekt für die gesamte Leistungsfähigkeit des Antennenmoduls, da sich die hohe Integrationsdichte bis auf die Zwischenfrequenz erstreckt. So sind Verkopplungen zwischen den vielen Antennenelementen auch an dieser Stelle relevant.

Im letzten Kapitel wurde die Integrationsfähigkeit des realisierten Antennenmoduls an der Funktionalität des Polarisationsmultiplex diskutiert. Die geringe Variation von 5 dB in der Verstärkung der Kanäle und der stabile thermische und elektrische Betrieb verifizieren den Entwurf. Wie eine statistische Untersuchung von Kanalverkopplungen zeigt, spielt das Übersprechen der kopolaren auf die kreuzpolaren Kanäle eine entscheidende Rolle für das Summendiagramm der Kreuzpolaren. Kanalverkopplungen sind jedoch keine spezifische Eigenheit starr-flexibler Architekturen, sondern eine generelle Problematik hochintegrierter Schaltungen. Der starr-flexible Aufbau bietet hier sogar Freiraum, die Entkopplung sowohl innerhalb des Moduls als auch auf Zwischenfrequenzebene weiter zu optimieren.

Die vorgestellte Arbeit deckt neue Möglichkeiten von starr-flexiblen Mehrlagenverbünden für kompakte, hochfrequente Module auf. Für aktive Antennenarrays sind die Grenzen für hochintegrierte Aufbauten noch nicht abgesteckt. Dem hohen Bedarf, noch komplexere Schaltungsstrukturen zu implementieren, wird Freiraum geschaffen. Ein in noch mehreren Ebenen gefalteter Aufbau würde hier dem Anspruch entgegenkommen. Bezüglich der Technologieentwicklung ist im nächsten Schritt ein Verbund mit mehrlagigem LCP sicherlich interessant. Auch das genutzte Verfahren zur Verfüllung von Durchkontaktierungen ist für einen Verbund von Weichsubstraten ein wichtiger Prozess zur Reduzierung der Integrationsdichten.

Anhang A

Ergänzungen

G_{einzel}=4 dB	T_A=70 K	F=2,7 dB	T_0=290 K
$EIRP$=54,2 dBW	L_v=-209,5 dB	k=1,38·10^{-23}Ws/K	
Übertragungsstrecke=35786 km		Frequenz=20 GHz	

Tabelle A.1: Zugrunde gelegte Werte für Abb. 1.4

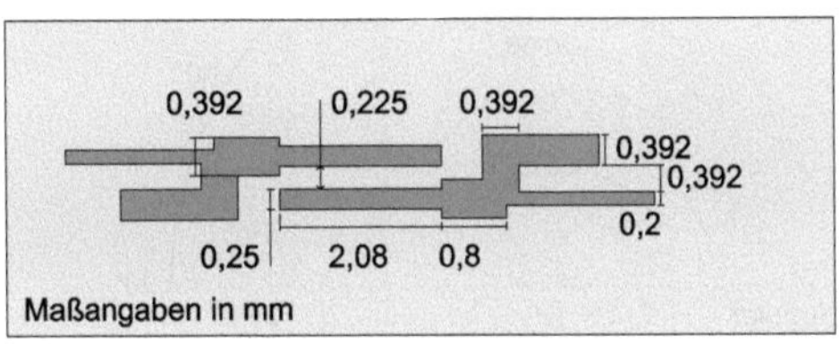

Abbildung A.2: Mikrostreifenfilter auf 0,1 mm Ultralam3000 mit 38 μm Pyralux FR-7013.

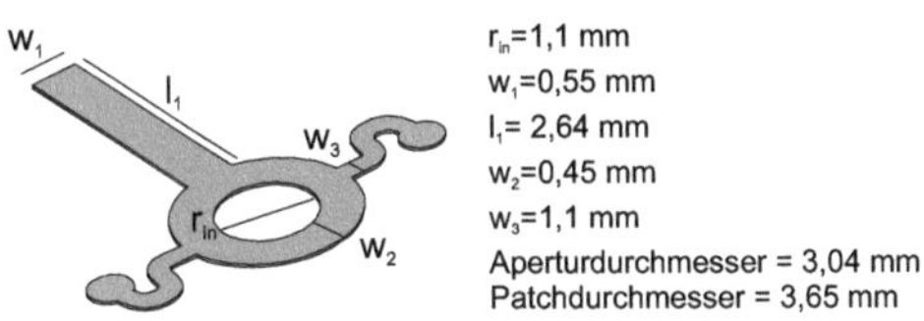

Abbildung A.3: Abmessungen des aperturgekoppelten Ringresonators.

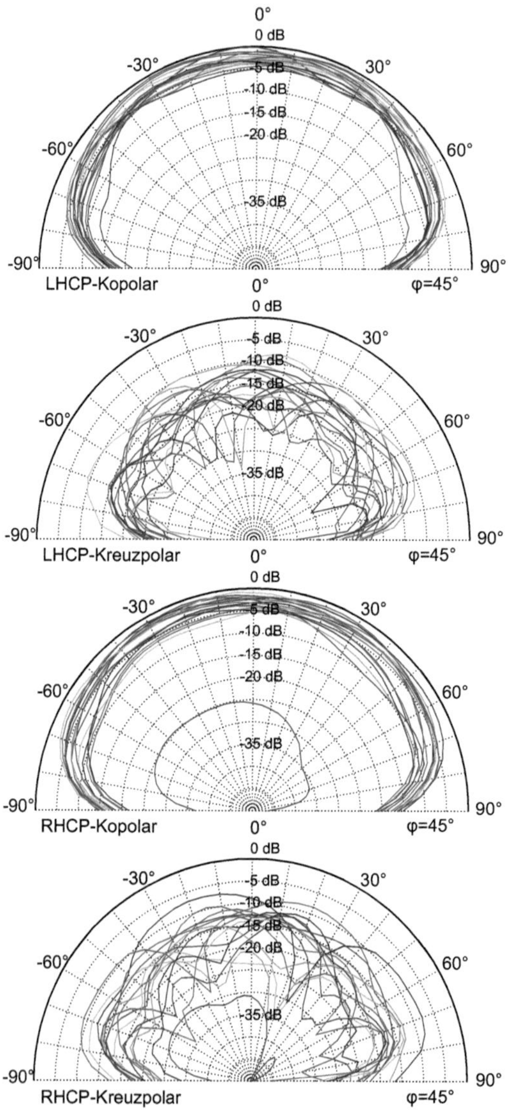

Abbildung A.4: Messungen der Richtdiagramme des 4x4-Gruppenstrahlers bei φ =45°.

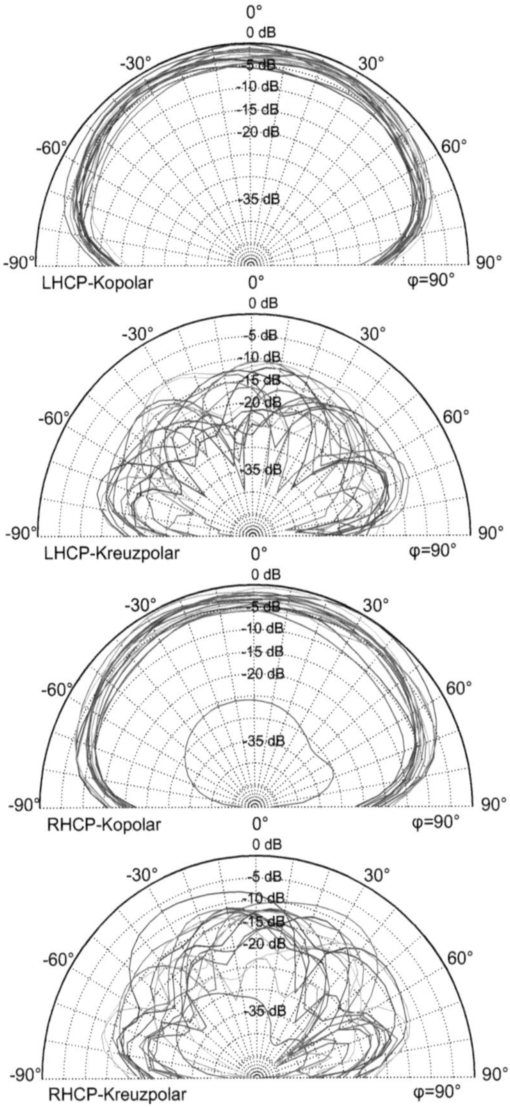

Abbildung A.5: Messungen der Richtdiagramme des 4x4-Gruppenstrahlers bei φ =90°.

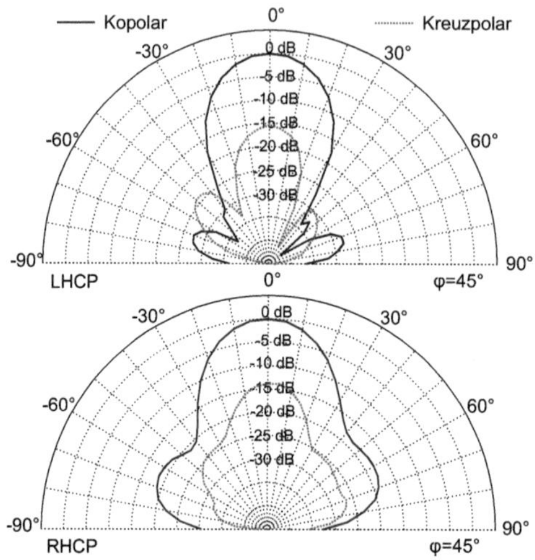

Abbildung A.6: Messungen der Summendiagramme des 4x4-Gruppenstrahlers bei φ =45°.

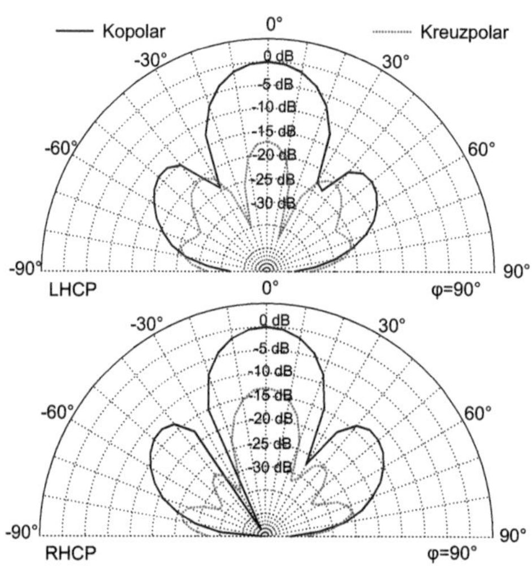

Abbildung A.7: Messungen der Summendiagramme des 4x4-Gruppenstrahlers bei φ =90°.

Literaturverzeichnis

[1] (2008) Prozentsatz der Privathaushalte mit Internetzugang. Statistik der Europäischen Kommission, eurostat. [Online]. Available: http://epp.eurostat.ec.europa.eu

[2] (2008) Anzahl der Breitbandanschlüsse je 100 Einwohner. Statistik der Europäischen Kommission, eurostat. [Online]. Available: http://epp.eurostat.ec.europa.eu

[3] (2006) Mobilfunkteilnehmer je 100 Einwohner. Statistik der Europäischen Kommission, eurostat. [Online]. Available: http://epp.eurostat.ec.europa.eu

[4] (2009) Mobile Infolink. GSMA Mobile Infolink, GSM Media LLC. [Online]. Available: http://www.gsmamobileinfolink.com

[5] P. Wood, "INMARSAT's aeronautical satellite communication system," in *4th International Conference on Satellite Systems for Mobile Communications and Navigation*, Oct. 1988, pp. 78–82.

[6] C. E. Fossa, R. A. Raines, G. H. Gunsch, and M. A. Temple, "An overview of the IRIDIUM^{TM} low Earth orbit (LEO) satellite system," in *Aerospace and Electronics Conference, NAECON*, Jul. 1998, pp. 152–159.

[7] P. Bacon, "Introduction to Globalstar^{TM} [satellite communication system]," in *IEE Colloquium on Communication Opportunities Offered by Advanced Satellite Systems*, Oct. 1998, pp. 3/1–3/8.

[8] A. Arcidiacono, D. Finocchiaro, and S. Grazzini. (2009) Broadband Mobile Satellite Services: The Ku-Band Revolution. [Online]. Available: http://www.eutelsat.com/products/pdf/broadbandMSS.pdf

[9] (2009) Wildblue Communications, Inc. [Online]. Available: http://www.wildblue.com

[10] (2009) Tooway^{TM}. [Online]. Available: http://www.tooway.com

[11] *Hylas One Fatsheet*, Avanti Communications Group plc, 2009. [Online]. Available: http://www.avantiplc.com/download/Hylas_Factsheet.pdf

[12] (2009) Eutelsat Communications. [Online]. Available: http://www.eutelsat.de

[13] "EADS Pressemitteilung vom 4.Februar 2009," 2009. [Online]. Available: http://www.eads.net/

[14] R. Ersch and B. E. White, "A Frequency-Routed Satellite System Concept using Multiple Orthogonally-Polarized Beams for Frequency Reuse," in *IEEE Military Communications Conference, MILCOM*, vol. 1, Oct. 1983, pp. 140–145.

[15] M. Schneider, C. Hartwanger, E. Sommer, and H. Wolf, "The multiple spot beam antenna project „Medusa“," in *3rd European Conference on Antennas and Propagation, EuCAP*, Mar. 2009, pp. 726–729.

[16] R. L. Brooker, "Universal type approvals for Ka-band ground equipment," in *7th Ka Band Utilization Conference, Italy*, Sep. 2001, pp. 1–5.

[17] R. L. Brooker and D. Vorderbrueggen, "Antenna Pointing Accuracy Impact on Geostationary Satellite Link Quality and Interference," in *23rd AIAA International Communications Satellite Systems and 11th Ka and Broadband Communications Joint Conference, Italy*, Sep. 2005, pp. 1–11.

[18] T. C. Tozer, "Developments in VSAT systems," in *IEE Colloquium on What's New in Satellite Communications?*, Apr. 1996, pp. 1/1–1/6.

[19] C. A. Balanis, *Antenna Theory: Analysis and Design*, 3rd ed. New Jersey, USA: Wiley-Interscience, 2005.

[20] (2009) Eutelsat@sea. [Online]. Available:
http://www.eutelsat.com/news/media_library/brochures/eutelsat_sea.pdf

[21] W. H. Jones and M. de La Chapelle, "Connexion by Boeing-broadband satellite communication system for mobile platforms," in *Military Communications Conference, MILCOM*, vol. 2, Oct. 2001, pp. 755–758.

[22] C. O. Adler, A. D. Monk, D. N. Rasmussen, and M. J. Taylor, "Two-way airborne broadband communications using phased array antennas," in *Aerospace Conference*, vol. 2, Mar. 2003, pp. 925–932.

[23] A. D. Monk and C. O. Adler, "Calibration and RF test of Connexion by Boeing airborne phased arrays," in *International Symposium on Phased Array Systems and Technology*, Oct. 2003, pp. 405–410.

[24] E. Brookner, "Phased-Array and Radar Breakthroughs," in *IEEE Radar Conference*, Apr. 2007, pp. 37–42.

[25] E. Brookner, "Phased-Array and radar astounding breakthroughs - an update," in *IEEE Radar Conference*, May 2008, pp. 1–6.

[26] E. Brookner, "Active-phased-arrays and digital beamforming: Amazing breakthroughs and future trends," in *IEEE Radar Conference*, May 2008, pp. 1–2.

[27] M. Ludwig, C. H. Buck, F. Coromina, and M. Suess, "Status and trends for space-borne phased array radar," in *IEEE MTT-S International Microwave Symposium*, Jun. 2005, pp. 1619–1622.

[28] L. C. Stange, "Integrationstechnik und Aufbauarchitekturen für aktive Antennensysteme im Millimeterwellenbereich," Dissertation, Technische Universität Hamburg-Harburg, 2005, Cuvillier Verlag Göttingen.

[29] J.-R. Ohm and H. D. Lüke, *Signalübertragung: Grundlagen der digitalen und analogen Nachrichtenübertragungssysteme*, 10th ed. Berlin, Deutschland: Springer, 2007.

[30] B. Razavi, "RF IC design challenges," in *Design Automation Conference Proceedings*, Jun. 1998, pp. 408–413.

[31] A. Springer, L. Maurer, and R. Weigel, "RF system concepts for highly integrated RFICs for W-CDMA mobile radio terminals," in *IEEE Transactions on Microwave Theory and Techniques*, vol. 50, no. 1, Jan. 2002, pp. 254–267.

[32] E. L. Christensen, S. N. Madsen, and N. Skou, "Review of the homodyne technique for coherent radar," in *IEEE International Radar Conference*, May 1990, pp. 159–163.

[33] J. Huettner, S. Reinhardt, and M. Huemer, "Low complex IQ-imbalance compensation for low-IF receivers," in *IEEE Radio and Wireless Symposium*, Jan. 2006, pp. 303–306.

[34] H. Pawlak, A. Dreher, A. Geise, R. Gieron, S. Holzwarth, C. Hunscher, A. F. Jacob, K. Kuhlmann, O. Litschke, D. Lohmann, W. Simon, L. C. Stange, and M. Thiel, "Modular DBF Terminal Antennas for Broadband Mobile Satellite Communications at Ka-Band," in *28th ESA Antenna Workshop on Space Antenna Systems and Technologies*, Jun. 2005, pp. 786–793.

[35] A. Geise, A. F. Jacob, K. Kuhlmann, H. Pawlak, R. Gieron, P. Siatchoua, D. Lohmann, S. Holzwarth, O. Litschke, M. V. T. Heckler, L. Greda, A. Dreher, and C. Hunscher, "Smart Antenna Terminals for Broadband Mobile Satellite Communications at Ka-Band," in *2nd International ITG Conference on Antennas, INICA*, Mar. 2007, pp. 199–204.

[36] A. Geise, A. F. Jacob, K. Kuhlmann, H. Pawlak, R. Gieron, P. Siatchoua, D. Lohmann, S. Holzwarth, O. Litschke, M. V. T. Heckler, L. Greda, A. Dreher, and C. Hunscher, "The SANTANA Project," in *1st European Air and Space Conference, CEAS*, Sep. 2007, pp. 1–6.

[37] C. Hunscher, M. Thiel, A. Dreher, S. Holzwarth, L. C. Stange, H. Pawlak, A. Molke, and A. F. Jacob, "Smart Antenna Terminal," Abschlussbericht BMBF Projekt 50YB0101 / 50YB0104, Tech. Rep., 2004.

[38] R. J. Mailloux, *Phased Array Antenna Handbook.* Artech House, Norwood, 1994.

[39] E. Voges, *Hochfrequenztechnik*, 3rd ed. Hüthig Verlag, Berlin, 2004.

[40] H. Schrank and C. Hemmi, "Bandwidth of the Array Factor for Phase-Steered Arrays," in *IEEE Antennas and Propagation Magazine*, vol. 35, no. 1, Feb. 1993, pp. 72–74.

[41] R. S. Elliott, *Antenna Theory & Design*. Wiley & Sons, New Jersey, 2003.

[42] N. Fourikis, *Advanced Array Systems, Applications and RF Technologies*. Academic Press Inc., London, 2000.

[43] M. Oppermann, "Multichip-modules (MCMs) for micro- and millimeter-wave applications-a challenge?" in *7th International Conference on Multichip Modules and High Densitiy Packaging*, Apr. 1998, pp. 279–284.

[44] G. A. Katopis and W. D. Becker, "S/390 cost performance considerations for MCM packaging choices," in *IEEE Transactions on Components, Packaging, and Manufacturing Technology, Part B:Advanced Packaging*, vol. 21, no. 3, Aug. 1998, pp. 286–297.

[45] J. C. Whitaker, *The Electronics Handbook*. CRC Press, London, 1996.

[46] J. K. Hagge and R. C. Camilletti, "Hermetic-Equivalent Packaging of GPS MCM-L Modules for High Reliability Avionics Applications," in *IEEE Transactions on Advanced Packaging*, vol. 22, no. 2, May 1999, pp. 145–152.

[47] P. E. Garrou and I. Turlik, *Multichip Module Technology Handbook*. McGraw-Hill, New York, 1998.

[48] E. Öjefors and A. Rydberg, "LTCC and glob top packaging for 24 GHz MMIC with integrated antennas," in *Linköping Electronic Conference Proceedings, GHz2003*, Nov. 2003, pp. 1–4.

[49] L. Li, "Embedded passives in organic substrate for RF module and assembly characterization," in *6th IEEE CPMT Conference on High Density Microsystem Design and Packaging and Component Failure Analysis, HDP'04*, Jun. 2004, pp. 74–82.

[50] L. Li, B. Cook, and M. Veatch, "Measurement of RF properties of glob top and under-encapsulant materials," in *Electrical Performance of Electronic Packaging*, Oct. 2001, pp. 121–124.

[51] G. Baumann, E. Muller, F. Buchali, D. Ferling, H. Richter, and W. Heinrich, "Evaluation of Glob Top and Underfill Encapsulated Active and Passive Structures for Millimeter Wave Applications," in *27th European Microwave Conference and Exhibition*, Sep. 1997, pp. 26–31.

[52] P. Monfraix, L. Garcia, T. Ihorai, J. J. Fritsch, R. Barbaste, C. Drevon, J. C. Cayrou, and J. L. Cazaux, "Non hermetic microwave packaging: a reality for space application," in *IEEE International Microwave Symposium Digest, MTT-S*, Jun. 2006, pp. 1784–1787.

[53] G. R. Blackwell, *The Electronic Packaging Handbook.* CRC Press, 2000.

[54] F. Alimenti, P. Mezzanotte, and R. Sorrentino, "Modeling and characterization of the bonding-wire interconnection," in *IEEE Transactions on Microwave Theory and Techniques*, vol. 49, no. 1, Jan. 2001, pp. 142–150.

[55] H. Kurata, T. Ogata, K. Mitsuka, H. Matsushita, and C. Kimura, "Flip-chip fine package and its assembly line development for GaAs MCM," in *24th IEEE CPMT Electronics Manufacturing Technology Symposium*, Oct. 1999, pp. 214–221.

[56] H. Kusamitsu, Y. Morishita, K. Maruhasi, M. Ito, and K. Ohata, "The flip-chip bump interconnection for millimeter-wave GaAs MMIC," in *IEEE Transactions on Electronics Packaging Manufacturing*, vol. 22, no. 2, Jan. 1999, pp. 23–28.

[57] (2009) Low-Noise Amplifier and Mixer. Hittite Microwave Corporation. [Online]. Available: http://www.hittite.com

[58] (2009) Low-Noise Amplifier. United Monolithic Semiconductors. [Online]. Available: http://www.ums-gaas.com

[59] K. Nishihori, K. Ishida, Y. Kitaura, and N. Uchitomi, "GaAs MMIC thermal analysis for epoxy-mount compared with AuSn-mount," in *16th*

Gallium Arsenide Integrated Circuit (GaAs IC) Symposium, Oct. 1994, pp. 275–278.

[60] J. Pavio and D. Hyde, "Effects of coefficient of thermal expansion mismatch on solder attached GaAs MMICs," in *IEEE International Microwave Symposium, MTT-S*, vol. 3, Jun. 1991, pp. 1075–1078.

[61] T. Tuhus and A. Bjorneklett, "Thermal cycling reliability of die bonding adhesives," in *31st International Reliability Physics Symposium*, Mar. 1993, pp. 204–208.

[62] C. S. Kwak, J. C. Jung, D. P. Chang, and I. B. Yom, "Thermal characterization of MMIC by numerical analysis," in *Asia-Pacific Microwave Conference Proceedings, APMC*, vol. 2, Dec. 2005, pp. 1–4.

[63] R. Madge, "New test paradigms for yield and manufacturability," in *IEEE Design & Test of Computers*, vol. 22, no. 3, May 2005, pp. 240–246.

[64] M. S. Abadir, A. R. Parikh, P. A. Sandborn, K. Drake, and L. Bal, "Analyzing multichip module testing strategies," in *IEEE Design & test of Computers*, vol. 11, no. 1, Apr. 1994, pp. 40–52.

[65] K. Kark, *Antennen und Strahlungsfelder*, 2nd ed. Vieweg + Teubner Verlag, 2006.

[66] O. Büchel, "Ein zirkular polarisierter Breitbandstrahler für den Einsatz in planaren Gruppenantennen," Dissertation, Leibniz Universität Hannover, 2003, Deutsche Nationalbibliothek, 2006.

[67] M. Sierra Castaner, J. L. Masa, O. Moreno, J. M. Fernandez, and D. Castellanos, "Estimation of patch array coupling model through radiated field measurements," in *IEEE Antennas and Propagation Society International Symposium, AP-S*, vol. 1, Jun. 2003, pp. 610–613.

[68] D. Jalas, *Kompensation von ein- und mehrmodigen Verkopplungseffekten in Gruppenstrahlern.* Bachelor-Arbeit, Technische Universität Hamburg-Harburg, 2008.

[69] P. S. Hall and M. S. Smith, "Sequentially rotated arrays with reduced sidelobe levels," in *Electronics Letters*, vol. 28, no. 18, Aug. 1992, pp. 1761–1763.

[70] P. S. Hall and M. S. Smith, "Analysis of radiation pattern effects in sequentially rotated arrays," in *IEE Proceedings - Microwaves, Antennas and Propagation*, vol. 141, no. 4, Aug. 1994, pp. 313–320.

[71] A. Stark, A. Dreher, H. Fischer, A. Geise, R. Gieron, M. Heckler, S. Holzwarth, C. Hunscher, A. F. Jacob, K. Kuhlmann, O. Litschke, D. Lohmann, W. Simon, F. Wötzel, and D. Zahn, "SANTANA: Advanced electronically steerable antennas at Ka-Band," in *3rd European Conference on Antennas and Propagation, EuCAP*, Mar. 2009, pp. 471–478.

[72] (2009) Intelsat Earth Station Standards (IESS), Document IESS-601 (Rev.12) Standard G. [Online]. Available: http://www.intelsat.com

[73] (2009) Recommendation ITU-R P.618.8, Propagation data and prediction methods required for the design of Earth-space telecommunication systems. International Telecommunication Union (ITU). [Online]. Available: http://www.itu.int

[74] J. D. Kraus, *Antennas*, 2nd ed. McGraw-Hill, 1988.

[75] K. Kuhlmann, K. Rezer, and A. F. Jacob, "Far field measurement on Ka-band substrate-integrated waveguide antenna array with polarization multiplexing," in *IEEE International Microwave Symposium Digest, MTT-S*, Jun. 2008, pp. 1337–1340.

[76] D. H. Schaubert, S. Kasturi, A. O. Boryssenko, and W. M. Elsallal, "Vivaldi Antenna Arrays for Wide Bandwidth and Electronic Scanning," in *2nd European Conference on Antennas and Propagation, EuCAP*, Nov. 2007, pp. 1–6.

[77] S. D. Targonski and D. M. Pozar, "Design of wideband circularly polarized aperture-coupled microstrip antennas," in *IEEE Transactions on Antennas and Propagation*, vol. 41, no. 2, Feb. 1993, pp. 214–220.

[78] R. J. Mailloux, "Antenna array architecture," in *Proceedings of the IEEE*, vol. 80, no. 1, Jan. 1992, pp. 163–172.

[79] H. Wolf and E. Sommer, "An Advanced Compact Radiator Element for Multifeed Antennas," in *18th European Microwave Conference*, Oct. 1988, pp. 506–511.

[80] W. Wang, J. Jin, J.-G. Lu, and S.-S. Zhong, "Waveguide slotted array with broadband, dual-polarization and low cross-polarization for X-band SAR applications," in *IEEE International Radar Conference*, May 2005, pp. 653–656.

[81] V. Jamnejad, "Ka-band feed arrays for spacecraft reflector antennas with limited scan capability - An overview," in *IEEE Aerospace Applications Conference*, Feb. 1992, pp. 57–66.

[82] Y. J. Cheng, W. Hong, Z. Q. Wu, K. adn Kuai, C. Yu, J. X. Chen, J. Y. Zhou, and H. J. Tang, "Substrate Integrated Wavehuide (SIW) Rotman Lens and Its Ka-Band Multibeam Array Antenna Applications," in *IEEE Transactions on Antennas and Propagation*, vol. 56, no. 8-II, Aug. 2008, pp. 2504–2513.

[83] O. Litschke, W. Simon, and S. Holzwarth, "A 30 GHz highly integrated LTCC antenna element for digital beam forming arrays," in *IEEE Antennas and Propagation Society International Symposium*, vol. 3B, Jul. 2005, pp. 297–300.

[84] S. Sanzgiri, D. Bostrom, W. Pottenger, and R. Q. Lee, "A hybrid tile approach for Ka band subarray modules," in *IEEE Transactions on Antennas and Propagation*, vol. 43, no. 9, Sep. 1995, pp. 953–959.

[85] N. Billstrom, M. Nilsson, and P. Westling, "Compact tile module for S-band AESA radar systems," in *European Microwave Conference, EuMC*, vol. 1, Oct. 2005, pp. 1–4.

[86] T. F. Brukiewa, C. Cho, M. Jenabi, and C. Qintero, "Development and test of an X/Ku band tile technology multi-link antenna system for CDL communications," in *IEEE International Symposium on Phased Array Systems and Technology*, Oct. 2003, pp. 423–428.

[87] M. Gibbons, A. Stewart, and M. Notter, "Active Antenna sub-system development for space-borne SAR," in *12th International Conference on Antennas and Propagation*, vol. 1, Mar. 2003, pp. 233–236.

[88] W. Choi, C. Cheon, and Y. Kwon, "A V-band single-chip MMIC oscillator array using a 4-port microstrip patch antenna," in *IEEE International Microwave Symposium Digest, MTT-S*, vol. 2, Jun. 2003, pp. 881–884.

[89] S. E. Gunnarsson, N. Wadefalk, J. Svedin, S. Cherenichenko, I. Angelov, H. Zirath, I. Kallfass, and A. Leuther, "A 220 GHz Single-Chip Receiver MMIC With Integrated Antenna," in *IEEE Microwave and Wireless Components Letters*, vol. 18, no. 4, Apr. 2008, pp. 284–286.

[90] K. Kuhlmann, "Private Mitteilung," 2009.

[91] D. E. Riemer, "Packaging design of wide-angle phased-array antenna for frequencies above 20 GHz," in *IEEE Transactions on Antennas and Propagation*, vol. 43, no. 9, Sep. 1995, pp. 915–920.

[92] G. J. Erickson, G. W. Fitzsimmons, S. H. Goodman, D. T. Harvey, G. E. Miller, D. N. Rasmussen, and D. E. Riemer, "Integrated circuit active phased array antennas for millimeter wave communications applications," in *Antennas and Propagation Society International Symposium, AP-S*, vol. 2, Jun. 1994, pp. 848–851.

[93] D. Sturzebecher, J. Leen, R. Cadotte, J. DeMarco, T.-D. Ni, T. Higgins, M. Popick, M. Cummings, B. Van Meerbeke, T. Provencher, B. Kimble, K. Shalkhauser, and R. Simons, "20 GHz LTCC phased array module," in *IEEE International Microwave Symposium Digest, MTT-S*, vol. 2, Jun. 1996, pp. 991–994.

[94] S. A. Raby, R. Y. Shimoda, P. T. Heisen, D. E. Riemer, B. L. Blaser, and G. R. Onorati, "Ku-band transmit phased array antenna for use in FSS communication systems," in *IEEE International Conference on Phased Array Systems and Technology*, May 2000, pp. 227–230.

[95] T. Watson, S. Miller, D. Kershner, and G. G. Anzic, "Design of a K-band transmit phased array for low Earth orbit satellite communications," in

IEEE International Conference on Phased Array Systems and Technology, May 2000, pp. 211–214.

[96] M. Oodo, R. Miura, Y. Hase, T. Inaba, T. Sakamoto, and M. Suzuki, "Measurement results of digital beamforming array antenna on-board stratospheric platform in the band 31/28 GHz," in *5th International Symposium on Wireless Personal Multimedia Communications*, vol. 2, Oct. 2002, pp. 435–439.

[97] M. Oodo, R. Miura, and Y. Hase, "Onboard DBF antenna for stratospheric platform," in *IEEE International Conference on Phased Array Systems and Technology*, May 2000, pp. 125–128.

[98] K. Byung-Su, K. Bon-Jun, and A. Do-Seob, "Ka band active phase array antenna with digital beam former for the HAPS systems," in *14th Proceedings on Personal, Indoor and Mobile Radio Communications, PIMRC*, vol. 3, Sep. 2003, pp. 2475–2479.

[99] N. Kojima, S. Kitao, K. Shiramatsu, M. Yajima, M. Shimada, and Y. Nakamura, "Development results of a proto flight model of the Ka-band active pahsed array antenna for WINDS," in *1st European Conference on Antennas and Propagation*, Nov. 2006, pp. 1–5.

[100] S. Vaccaro, F. Tiezzi, D. Llorens, M. F. Rua, and C. D. G. de Oro, "Ku-Band Low Profile Antennas for Mobile Satcom," in *4th Advanced Satellite Mobile Systems, ASMS*, Aug. 2008, pp. 24–28.

[101] F. Tiezzi and S. Vaccaro, "Hybrid phased array antenna for mobile KU-band DVB-S services," in *1st European Conference on Antennas and Propagation, EuCAP*, Nov. 2006, pp. 1–4.

[102] E. Lier and R. Melcher, "A Modular and Lightweight Multibeam Active Phased Receiving Array for Satellite Applications: Design and Ground Testing," in *IEEE Antennas and Propagation Magazine*, vol. 51, no. 1, Feb. 2009, pp. 80–90.

[103] E. C. Culbertson, "A new laminate material for high performance PCBs: liquid crystal polymer copper clad films," in *45th Electronic Components and Technology Conference Proceedings*, May 1995, pp. 520–523.

[104] www.rogerscorp.com, *Ultralam3850 datasheet*, ver. RF1.3000, 2009.

[105] www.rogerscorp.com, *RO4000 High Frequency Laminate datasheet*, 2011.

[106] www.rogerscorp.com, *RO5880 High Frequency Laminate datasheet*, 2011.

[107] www.isola.de, *Duraver E-CU Qualität 104 Datenblatt*, 2011.

[108] www2.dupont.com, *943 Low Loss Green Tape datasheet*, 2009.

[109] K. Jayaraj and T. T. Noll, "A Low Cost Multichip Packaging Technology for Monolithic Microwave Integrated Circuits," in *IEEE Transactions on Antennas and Propagation*, vol. 43, no. 9, Sep. 1995, pp. 992–997.

[110] D. Thompson, M. M. Tentzeris, and J. Papapolymerou, "Packaging of MMICs in multilayer LCP substrates," in *IEEE Microwave and Wireless Components Letters*, vol. 16, no. 7, Jul. 2006, pp. 410–412.

[111] K. Aihara and A. Pham, "Development of Thin-Film Liquid Crystal Polymer Surface Mount Packages for Ka-band Applications," in *IEEE International Microwave Symposium, MTT-S*, Jun. 2006, pp. 956–959.

[112] K. Aihara, A. Pham, D. Zeeb, T. Flack, and E. Stoneham, "Development of Multi-Layer Liquid Crystal Polymer Ka-band Receiver Modules," in *Asia-Pacific Microwave Conference, APMC*, Dec. 2007, pp. 1–4.

[113] G. DeJean, R. Bairavasubramanian, D. Thompson, G. E. Ponchak, M. M. Tentzeris, and J. Papapolymerou, "Liquid Crystal polymer (LCP): a new organic material for the development of multilayer dual-frequency/dual-polarization flexible antenna arrays," in *IEEE Antennas and Wireless Propagation Letters*, vol. 4, 2005, pp. 22–26.

[114] D. J. Chung, D. E. Anagnostou, G. Ponchak, M. Tentzeris, and J. Papapolymerou, "Integration of a 4x8 antenna array with a reconfigurable 2-bit phase shifter using RF MEMS switches on multilayer organic substrates," in *IEEE International Symposium on Antennas and Propagation*, Jun. 2007, pp. 93–96.

[115] R. Bairavasubramanian and J. Papapolymerou, "Development of V-band Integrated Front-Ends on Liquid Crystal Polymer (LCP) Technology,"

in *IEEE Antennas and Wireless Propagation Letters*, vol. 7, 2008, pp. 134–137.

[116] D. Thompson, O. Tantot, H. Jallageas, G. E. Ponchak, M. M. Tentzeris, and J. Papapolymerou, "Characterization of liquid crystal polymer (LCP) material and transmission lines on LCP substrates from 30 to 110 GHz," in *IEEE Transactions on Microwave Theory and Techniques*, vol. 52, no. 4, Apr. 2004, pp. 1343–1352.

[117] D. Thompson, P. Kirkby, J. Papapolymerou, and M. M. Tentzeris, "W-band characterization of finite ground coplanar transmission lines on liquid crystal polymer (LCP) substrates," in *53rd Electronic Components and Technology Conference*, May 2003, pp. 1652–1655.

[118] K. C. Gupta, *Microstrip Lines and Slotlines 2nd Ed.*, 2nd ed. Artech House Inc., 1996.

[119] www2.dupont.com, *Pyralux FR Coverlay datasheet*, ver. H-73234, 2009.

[120] (2009) CST Microwave Studio. Computer Simulation Tools. [Online]. Available: http://www.cst.com

[121] R. J. P. Douville and D. S. James, "Experimental Study of Symmetric Microstrip Bends and Their Compensation," in *IEEE Transactions on Microwave Theory and Techniques*, vol. 26, no. 3, Mar. 1978, pp. 175–182.

[122] U. Strohmaier, *Untersuchung von flexiblen Strukturen auf flüssigkristallinen Polymeren im Millimeterwellenbereich.* Studienarbeit, Technische Universität Hamburg-Harburg, 2009.

[123] A. Geise, U. Strohmaier, and A. F. Jacob, "Investigations of Transmission Lines and Resonant Structures on Flexed Liquid Crystal Polymer (LCP) Substrates up to 67 GHz," in *IEEE 39th European Microwave Conference*, Sep. 2009, pp. 735–738.

[124] R. Valois, D. Baillargeat, S. Verdeyme, M. Lahti, and T. Jaakola, "High performances of shielded LTCC vertical transitions from DC up to 50

GHz," in *IEEE Transactions on Microwave Theory and Techniques*, vol. 53, no. 6-II, Jun. 2005, pp. 2026–2032.

[125] J. Heyen, A. Gordiyenko, P. Heide, and A. F. Jacob, "Vertical feedthroughs for millimeter-wave LTCC modules," in *33rd European Microwave Conference*, vol. 1, Oct. 2003, pp. 411–414.

[126] M. Mantysalo and E. O. Ristolainen, "Modeling and analyzing vertical interconnections," in *IEEE Transactions on Advanced Packaging*, vol. 29, no. 2, May 2006, pp. 335–342.

[127] A. Stark and A. F. Jacob, "A Broadband Vertical Transition for Millimeter-Wave Applications," in *38th European Microwave Conference, EuMC*, Oct. 2008, pp. 476–479.

[128] www.ILFA.de, *ILFA Feinstleitertechnik, Design-Regeln für Bohrungen*, 2009.

[129] R. K. Mongia, I. J. Bahl, P. Bhartia, and J. Hong, *RF and Microwave Coupled-Line Circuits*, 2nd ed. Artech House, London, 2007.

[130] R. Garg, P. Bhartia, I. Bahl, and A. Ittipihoon, *Microstrip Antenna Design Handbook.* Artech House, London, 2001.

[131] J. R. James and A. Henderson, "High-frequency behavior of microstrip open-circuit terminations," in *IEE Journal on Microwaves, Optics and Acoustics*, vol. 3, no. 5, Sep. 1979, pp. 205–218.

[132] A. Geise and A. F. Jacob, "A ring-coupled patch antenna for broadband polarization multiplex at Ka-band," in *3rd European Conference on Antennas and Propagation, EuCAP*, Mar. 2009, pp. 1260–1263.

[133] A. C. Newell and D. M. Kerns, "Determination of both polarisation and power gain of antennas by a generalised 3-antenna measurement method," in *IET Electronics Letters*, vol. 7, no. 3, Feb. 1971, pp. 68–70.

[134] D. Meschede, *Gerthsen Physik*, 22nd ed. Springer-Verlag, Berlin, 2004.

[135] G. P. Peterson, *An Introduction to Heat Pipes: Modeling, Testing, and Applications (Thermal Management of Microelectronic and Electronic System Series).* John Wiley & Sons, New Jersey, 1994.

[136] A. Geise, K. Kuhlmann, A. F. Jacob, O. Litschke, and W. Simon, "Packaging of Antenna Modules for Digital Beam Forming at Ka-Band," in *IEEE 2nd European Conference on Antennas and Propagation, EuCAP*, Nov. 2007, pp. 1–5.

[137] (2009) ROHACELL performance plastics. Evonik Degussa GmbH. [Online]. Available: http://www.rohacell.com/de/performanceplastics.html

[138] M. Kirschning and R. H. Jansen, "Accurate Wide-Range Design Equations for the Frequency-Dependent Characteristic of Parallel Coupled Microstrip Lines," in *IEEE Transactions on Microwave Theory and Techniques*, vol. 32, no. 1, 1984, pp. 83–90.

[139] M. Kirschning and R. H. Jansen, "Accurate Wide-Range Design Equations for the Frequency-Dependent Characteristic of Parallel Coupled Microstrip Lines (Corrections)," in *IEEE Transactions on Microwave Theory and Techniques*, vol. 33, no. 3, 1985, pp. 288–288.

[140] M. D. Deshpande and M. C. Bailey, "Analysis of Finite Phased Arrays of Circular Microstrip Patches," in *IEEE Transactions on Antennas and Propagation*, vol. 37, no. 11, Nov. 1989, pp. 1355–1360.

[141] A. Geise and A. F. Jacob, "Flex-rigid architecture for active millimeter-wave antenna arrays," in *IEEE MTT-S International Microwave Symposium Digest*, Jun. 2009, pp. 809–812.

[142] B. Lindmark, "Compensation of mutual coupling in dual polarized arrays," in *IEEE Transactions on Antennas and Propagation*, vol. 3, Jun. 2003, pp. 896–899.

[143] P. Darwood, P. N. Fletcher, and G. S. Hilton, "Mutual coupling compensation in small planar array antennas," in *IEE Microwaves, Antennas and Propagation Proceedings*, vol. 145, no. 1, Aug. 1998, pp. 1–6.

[144] H. Steyskal and J. S. Herd, "Mutual coupling compensation in small array antennas," in *IEEE Transactions on Antennas and Propagation*, vol. 38, no. 12, 1990, pp. 1971–1975.

[145] http://www.mathworks.de/help/techdoc/ref/sprand.html, *Matlab 2011 Function Documentation*, 2011.

Lebenslauf

Alexander Geise
geboren am 03.06.1978 in Lüneburg

Schulische Ausbildung

Aug. 1984	-	Juli 1988	Grundschule in Reppenstedt
Aug. 1988	-	Juli 1990	Orientierungsstufe Kaltenmoor in Lüneburg
Aug. 1990	-	Juni 1997	Gymnasium Johanneum in Lüneburg, Abschluss: Allgemeine Hochschulreife

Zivildienst

Sept. 1997	-	Sept. 1998	Zivildienst bei der Lebenshilfe Lüneburg

Studium und Praktika

Okt. 1998	-	März 2004	Studium der Elektrotechnik an der Technischen Universität Braunschweig Abschluss: Dipl.-Ing. Elektrotechnik
Feb. 1999	-	April 1999	Grundpraktikum bei Kuhse GmbH in Winsen/Luhe
April 2003	-	Aug. 2003	Fachpraktikum bei Rohde & Schwarz in München

Berufliche Tätigkeiten

April 2004	-	Sept. 2004	wissenschaftlicher Mitarbeiter am Institut für Hochfrequenztechnik der Technischen Universität Braunschweig
Okt. 2004	-	Okt. 2009	wissenschaftlicher Mitarbeiter am Institut für Hochfrequenztechnik der Technischen Universität Hamburg-Harburg
seit Nov. 2009			System-Ingenieur bei Astrium GmbH in Ottobrunn